工业信息化技术丛书

MEMS法珀腔光学声传感器

郑永秋　陈佳敏　武丽云◎著

電子工業出版社
Publishing House of Electronics Industry
北京·BEIJING

内 容 简 介

MEMS 法珀腔光学声传感器是新一代工业及信息技术发展的核心声传感器件。本书系统地论述了 MEMS 法珀腔光学声传感器的传感机理、法珀腔声敏感结构的优化设计及制备、调相谱检测的声信号解调技术等，还对 MEMS 法珀腔光学声传感器进行了测试与分析。

本书在注重机理分析的同时，将理论与实践相结合，具有较强的系统性、理论性和实用性，对从事 MEMS 光学声传感技术研究、设计、制造和应用的科技人员有一定的参考价值，也可作为相关专业本科生和研究生的教学参考书。

图书在版编目（CIP）数据

MEMS 法珀腔光学声传感器 / 郑永秋，陈佳敏，武丽云著. —北京：电子工业出版社，2023.11
（工业信息化技术丛书）

ISBN 978-7-121-46695-3

Ⅰ. ①M… Ⅱ. ①郑… ②陈… ③武… Ⅲ. ①光纤传感器 Ⅳ. ①TP212.4

中国国家版本馆 CIP 数据核字（2023）第 220494 号

责任编辑：刘志红（lzhmails@phei.com.cn）　　特约编辑：张思博
印　　刷：北京天宇星印刷厂
装　　订：北京天宇星印刷厂
出版发行：电子工业出版社
　　　　　北京市海淀区万寿路 173 信箱　邮编：100036
开　　本：720×1 000　1/16　印张：13.75　字数：220 千字
版　　次：2023 年 11 月第 1 版
印　　次：2024 年 7 月第 2 次印刷
定　　价：98.00 元

凡所购买电子工业出版社图书有缺损问题，请向购买书店调换。若书店售缺，请与本社发行部联系，联系及邮购电话：（010）88254888，88258888。

质量投诉请发邮件至 zlts@phei.com.cn，盗版侵权举报请发邮件至 dbqq@phei.com.cn。

本书咨询联系方式：（010）88254479，lzhmails@phei.com.cn。

PREFACE 前言

MEMS 法珀腔光学声传感器是新型的无振膜声传感器，具有高灵敏度、宽频带、大动态范围和高信噪比的声探测性能，其基本原理是通过光束检测，由声波扰动引起的空气折射率变化来实现声探测。相对于基于可移动部件（声敏感薄膜或光纤）的光学声传感器，MEMS 法珀腔光学声传感器全刚性的声敏感结构，使其可以消除因机械特性（机械敏感性干扰、固有的有限频率带宽、非线性）引起的传感器失真。采用光胶工艺或直接键合工艺制备 MEMS 法珀谐振腔，在实现微型化的同时还能满足光学声传感器在超宽频带内实现平坦的频率响应和较高的声探测灵敏度，这为集成化、批量化的超宽频带、高灵敏声传感器件的发展奠定了基础。MEMS 法珀腔光学声传感器是近年发展起来的新型声传感器，其性能可满足从军用到民用的多种应用领域的需求，是新一代工业及信息技术发展的核心声传感器件。

随着我国信息化水平和工业生产能力的不断提升，MEMS 法珀腔光学声传感器也得到了快速发展。著者一直从事 MEMS 法珀腔光学声传感器等新型声传感的研究，取得了数十项技术创新和发明专利，相关研究成果获得了 2022 年度山西省技术发明二等奖。著者在理论和技术研究的基础上将这些成果汇集成册，著成本书，旨在为促进 MEMS 法珀腔光学声传感技术的进一步发展略尽绵薄之力。

本书系统地论述了 MEMS 法珀腔光学声传感器的传感机理、法珀腔声敏感结构的优化设计及制备、调相谱检测的声信号解调技术等，还对 MEMS 法珀腔光学声传感器进行了测试与分析。全书共 7 章：第 1 章为概述；第 2 章阐述了 MEMS 法珀腔光学声传感机理；第 3 章介绍了 MEMS 法珀腔声传感结构设计方法；第 4 章和第 5 章分别阐述了基于光胶工艺和直接键合工艺的法珀腔制备方法；第 6 章讨论了光纤声传感声信号解调方法；第 7 章对法珀腔声传感性能进行了测试，并验证了其实际工程应用价值。本书内容新颖，系统性较强，将法珀谐振腔的新型 MEMS 加工工艺应用到光学声传感器中，不仅拓宽了其应用领域，也有利于促进多学科之间的交叉融合发展。

本书注重理论与实践相结合，论述翔实，深入浅出，并且结合了著者的科研工作，大部分研究成果已发表在 *Optics Express*, *Optics and Laser Technology*, *IEEE Sensors Journal*, *Applied Optics* 等期刊上，并被多次引用。

本书是在中北大学薛晨阳教授的关怀与指导下完成的。在项目研究过程中，著者得到张文栋教授、刘俊教授、熊继军教授、任勇峰教授、张国军教授、张斌珍教授、丑修建教授、唐军教授、闫树斌教授、焦新泉教授的大力支持。在进行相关试验研究时，著者得到了中国航天科工集团第六研究院 601 所程博高级工程师、张成飞博士的大力支持。研究生陈晨、赵馨瑜、花晓强、韩源、李宗灏等在资料搜集、整理及校对等方面做了大量工作。对以上人员，著者在此深表谢意。

本书的相关研究得到国家自然科学基金重点项目（62131018）、山西省优秀青年基金（202103021222012）、装备发展部等相关项目的支持，著者在此表示衷心的感谢。同时，对本书所引用的论文、图表和书籍的作者致以谢意。

由于著者水平有限，书中缺漏之处，恳请读者不吝指正。

著　者

2023 年 1 月

第1章 概述

第2章 MEMS 法珀腔光学声传感机理

第 3 章 MEMS 法珀腔声传感结构设计方法

第 4 章 基于光胶工艺的法珀腔制备方法

第 5 章　基于直接键合工艺的法珀腔制备方法

第 6 章　光纤声传感声信号解调方法

第 7 章 法珀腔声传感性能测试系统和方法

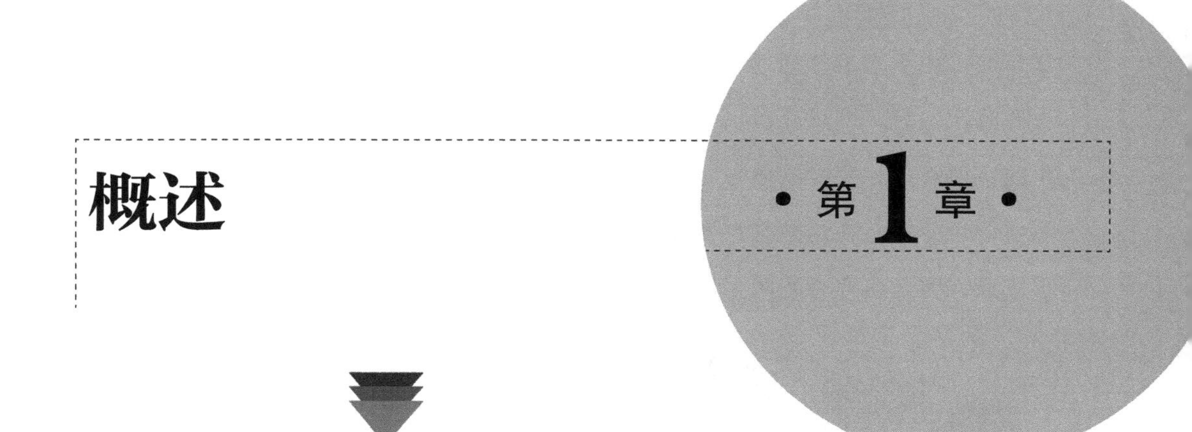

概述

第1章

由于光纤工作频带宽、传输损耗小，再凭借微机电系统（Micro-Electro-Mechanical System，MEMS）制造工艺可实现微小型化、批量化和高一致性生产的优势，MEMS光学声传感器表现出高灵敏度、宽频带、大动态范围和高信噪比的优异声探测性能，受到了科研人员的普遍关注和深入研究。本章将通过光学声传感器的研究现状及光学声传感器中的 MEMS 工艺介绍，总结得到光学声传感器的发展趋势。

1.1 引言

声作为最早受到关注和研究的自然现象，具有至关重要的利用价值。比如，在日常生活中，很多人都喜欢听音乐，有些音乐让人感到兴奋、愉悦，而有的音乐却让人悲愤、伤心，这说明声波可以传递信息。中国中医讲究“望、闻、问、切”，其中“闻”就是根据患者声息的高低、清浊来判断病情。当今医学的 B 超或彩超利用超声波可以更准确地获得人体内部的疾病信息。人们可以通过对自然次声特性和产生机制的研究预测自然灾害事件[1,2]。比如，台风和海浪摩擦会产生次声波，由于它的传播速度远大于台风移动的速度，用一种叫“水母耳”的仪器去检测次声波，即可在台风来临之前发出警报。声呐被动接收鱼雷等水中目标产生的辐射噪声和发射的信号，可以测定目标的方位和距离。图 1-1 是声波传递信息实例示意图。在这些与声探测相关的研究领域中，如何准确有效地获取声信息很重要，因此研究者发明了声传感器。

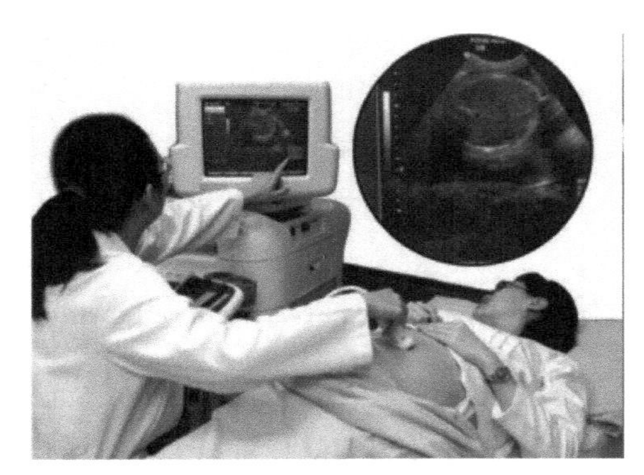

（a）医生用 B 超查看胎儿的发育情况

（b）利用声呐探测鱼雷

（c）中医中“望、闻、问、切”之闻

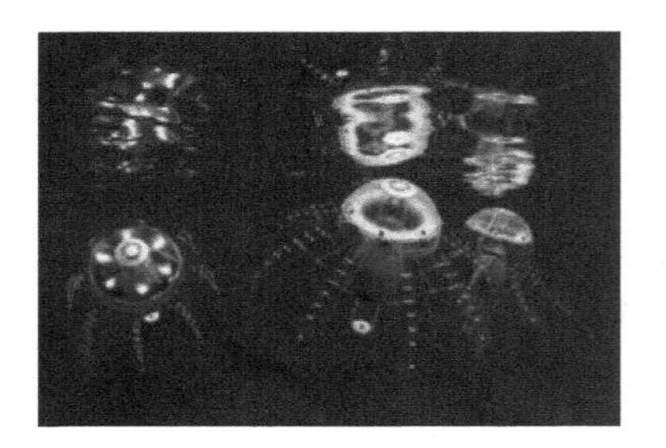

（d）水母耳

图 1-1　声波传递信息实例示意图

传统的电声传感器[3-6]包括：①压电式声传感器[7,8]，如基于 AlN 薄膜的声传感器，虽然灵敏度高，压电系数较低，可进行甚低频检测，但其制备工艺还不成熟，频响带宽窄；②压阻式声传感器[9-11]，体积小、灵敏度高，但存在动态范围小、温漂大的缺点；③电容式声传感器[12-14]，灵敏度高、频率响应平坦、动态范围大、瞬态响应好，常被用于高质量的拾音场合或高声压级噪声测量，但缺点是高灵敏度和宽频率响应范围不可兼得，而且价格偏高，必须外加高电压，在许多场合使用起来不方便；④驻极体式声传感器[15-17]，它是电容式声传感器的一种，其优点是省去了极化电压的装置，电路也简化了，从而体积小巧，价格相对低廉，缺点是存在退极化现象，极化电压保持时间有一定限度，在潮湿环境中容易发生漏电。另外，电声传感器还普遍存在在强辐射等恶劣环境下难以正常工作的缺陷。光学声传感器[18,19]可抗电磁干扰和微小型化，但是，其依赖于机械变形结构[20,21]（如薄膜）的位移来进行声探测，引入了自共振，所实现的灵敏度具有频率依赖性。

近年发展起来的一种新型光学声传感器通过一个微型法布里–珀罗谐振腔（简称法珀腔）实现了无振膜纯光学的声检测[22,23]。该传感器的新颖之处在于它不是通过感应腔镜的运动或变形来实现声探测的，而是通过感知腔内传播介质折射率的微小变化来实现声探测的（如图 1-2 所示）。全刚性的结构方案消除了机械共振所带来的影响，能够获得非常平坦的频率响应，可解决现有振膜光学声传感器件的灵敏度和适用性等瓶颈问题。

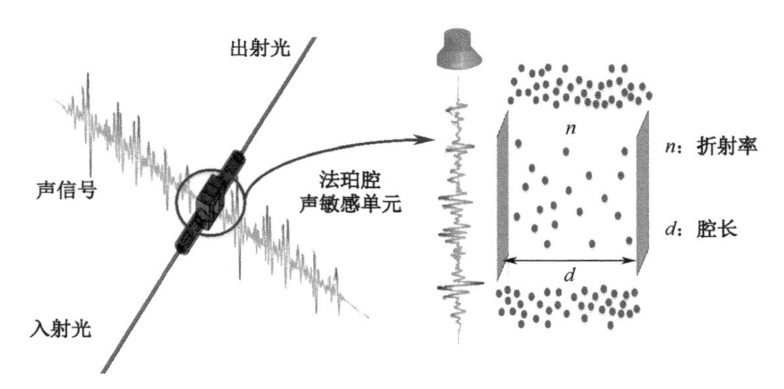

图 1-2　声压致法珀腔腔内介质折射率变化的声传感原理示意图

无振膜纯光学声传感器采用全光学纯固态原理代替机械振动原理，具有耐高声压、线性频率响应和高分辨率的优点，非常适合用于大推力运载火箭和涡扇发动机超高声压噪声的测量。另外，无振膜纯光学声传感技术还在超声计量领域[如噪声监测、工业无损检测[24]、医疗诊断[25]和海洋探测（见图 1-3）]等中具有特别的吸引力。虽然奥地利 XARION 激光声学公司已经对无振膜纯光学麦克风的相关研究成果进行了报道，但出于商业机密，在航空航天及超声计量领域有着巨大应用前景的该器件的结构加工和封装技术及信号提取方式均未被提及。因此，为了摆脱高端声传感器件长期依赖于进口的现状，开展具有自主知识产权的核心声敏感器件的技术攻关具有一定的战略意义和实际应用价值。

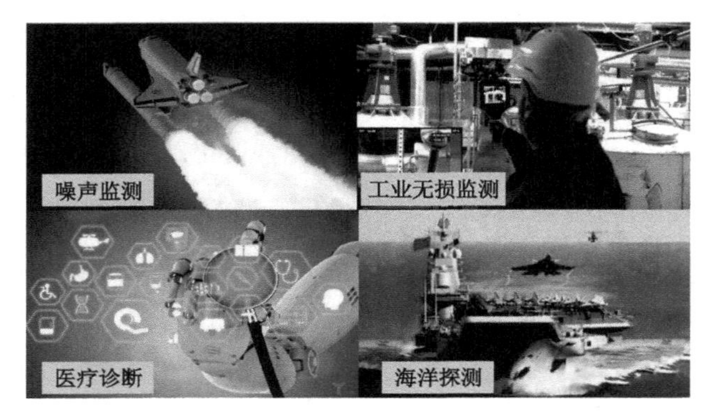

图 1-3　无振膜纯光学声传感技术的应用领域

另外，光学声传感器的微型化也是重要的发展趋势，微型化的核心是微机电系统（Micro-Electro-Mechanical System，MEMS）技术。MEMS 技术是用于微传感器的批量化、集成化制造技术，具有高集成度、多功能集成、高附加值等优势。光学 MEMS 是 MEMS 技术与光学技术相互融合而形成的技术分支，可将传统的光学元器件制造技术提升到微型化、阵列化、批量化的新高度。尤其是智能物联网时代的到来，MEMS 光学声传感器凭借微型化、低功率、高集成度、低成本的优势成为最具发展前景的声传感技术。

1.2 光学声传感器的发展现状

19 世纪 80 年代，贝尔发明了光电话，首次用光实现了声探测[26]。冯・奥安是第一个提出实用的光学麦克风的人。光学麦克风用干涉仪探测薄膜的振动，但这一设想在当时的技术水平下不可行。1966 年，“光纤之父”、华裔物理学家高锟开创性地提出了利用光纤可实施高效长程的信号传送[27]，之后，光学声传感器得到了迅速发展，相比空间光声传感器和电声传感器，其具有灵敏度高[28]、频率响应带宽大[29]、动态范围大[30]、抗电磁干扰能力强[31,32]、可微型化[33,34]、便于安装、对被检测场无破坏与干扰、能够进行分布测量等优点。

光学声传感器中，声场与光的耦合方式及耦合结构对灵敏度、频率响应和动态范围等主要声性能参数有很大影响。光学声传感的灵敏度越高，说明其对微弱声信号的拾取能力越强；越宽和越平坦的频率响应范围则表明对声信号的探测线性度越好，并且还原度越高；同样地，动态范围大则说明光学声传感器可在高声压环境下实现不失真的声探测。光学声传感器根据声场与光的耦合方式不同可分为间接耦合型和直接耦合型[35]。其中，间接耦合型光学声传感器是指声场与光通过声耦合材料实现相互作用，如光纤、声敏感膜片、光纤布拉格光栅等，是目前研究最多和最成熟的光学声传感技术；直接耦合型光学声传感器利用声场与光直接相互作用，摆脱了声耦合材料的限制，是一项具有发展潜力的新技术。

1.2.1 间接耦合型光学声传感器

间接耦合型光学声传感器按光学调制原理可以分为光强调制型光学声传感器、波长调制型光学声传感器和相位调制型光学声传感器等类型。

1. 光强调制型光学声传感器

光强调制型光学声传感器利用声波振动影响光传输特性，从而实现声场对光强的调制，最终达到声检测的目的。光强调制型光学声传感器主要包括弯曲波导型光学声传感器、耦合波导型光学声传感器、悬臂型光学声传感器、反射型光学声传感器和移动闸门型光学声传感器。

弯曲波导型光学声传感器[36]、耦合波导型光学声传感器和悬臂型光学声传感器的声敏感单元多为光纤材料，声波扰动使光纤产生微小变形从而影响光纤输出端的光强，通过探测光强的变化实现声检测。1980 年，Spillman 等提出一种可移动的光纤水听器，将一根固定、一根可移动的光纤末端进行耦合，声波振动引起光纤运动，改变了两根光纤末端之间耦合的光量，从而产生光强调制，如图 1-4（a）所示。该光纤水听器实现了 100Hz～10kHz 的探测频率范围，最小可检测压力为 1.26mPa@500Hz，并能够分辨小至 4.3×10^{-3} Å 的光纤位移[37]。2004 年，Chen 等基于熔融锥形光纤耦合器提出一种低成本的光纤超声传感器，如图 1-4（b）所示。声波引起熔融锥形区的有效应变场变化，改变了光纤耦合器内的耦合比，通过分析光纤耦合器内耦合比的变化，根据其振幅和频率含量来确定应用的超声场特性。该传感器的频率响应可达数百千赫，适用于探测材料和结构的声发射，性能可与传统的压电式声传感器相媲美[38]。然而，空气与光纤包层和纤芯耦合存在声阻抗匹配不良的问题，导致光纤声传感器只能实现较低的灵敏度。通过使用薄膜等材料匹配声阻抗可以改进上述缺点，常见的方法有在光纤末端黏贴声敏感膜片、改变光纤涂覆层等。

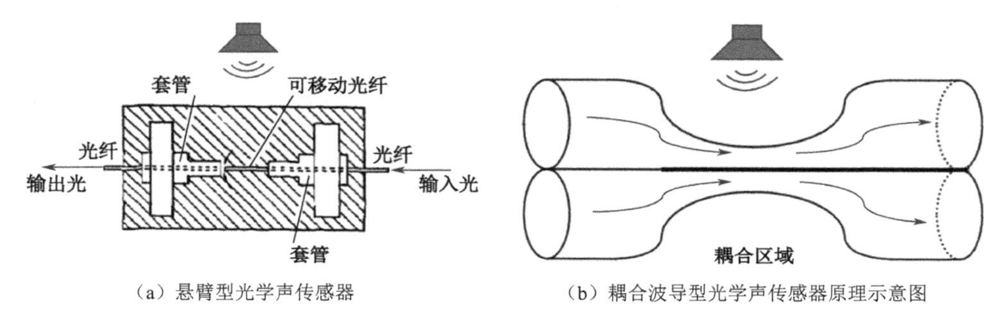

（a）悬臂型光学声传感器　（b）耦合波导型光学声传感器原理示意图

图 1-4　悬臂型光学声传感器和耦合波导型光学声传感器原理示意图[39]

在反射型光学声传感器和移动闸门型光学声传感器中，光纤只作为传光媒质，采用薄膜直接敏感声音。这两类光学声传感器结构简单，多采用 MEMS 技术来提升器件的响应灵敏度和线性度。2014 年，于洪峰等基于 MEMS 工艺制作了具有低应力波纹结构的声敏感薄膜[40]，将敏感膜片与光纤耦合封装，得到传感器样品，其原理示意图如图 1-5 所示。声性能测试得到灵敏度为 80mV/Pa，频率响应为 20～2000Hz。以色列的 Opto Acoustics 公司制成了移动闸门型光学声传感器产品，它是基于一个微小的 MEMS 膜片和两根光纤制作的，其原理及产品示意图如图 1-6 所示。当声波冲击薄膜时，会引起膜的振动，从而改变从输入到输出光纤反射的光的强度。这种声敏感机制检测膜位移的微小变化，分辨率可达几分之埃。

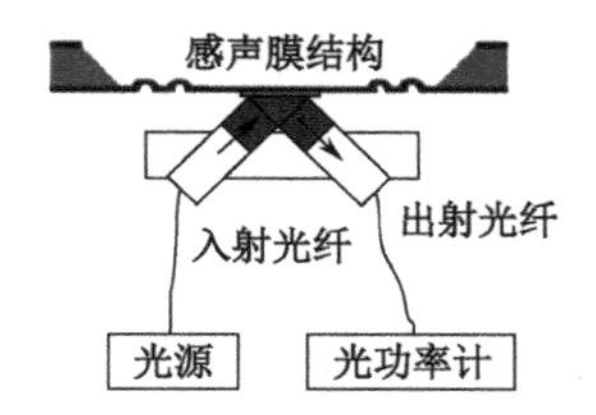

图 1-5　反射型光学声传感器原理示意图[40]

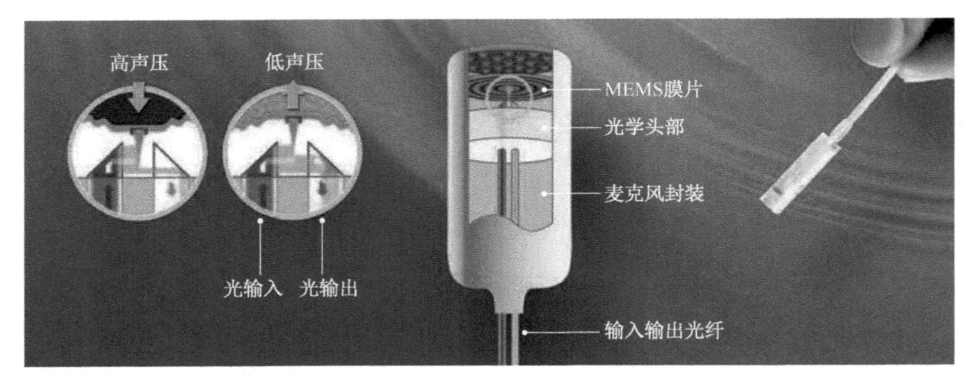

图 1-6 Opto Acoustics 公司的移动闸门型光学声传感器的原理及产品示意图

2. 波长调制型光学声传感器

波长调制型光学声传感器的一种典型声敏感单元是光纤布拉格光栅（Fiber Bragg Grating，FBG）。当声波振动作用于 FBG 时，会导致光纤内部光栅常数发生变化，从而使光栅的反射光和透射光的中心波长也发生改变，通过解调光纤的输出光信息即可实现声探测，原理示意图如图 1-7（a）所示。该类型的光学声传感器可以克服光强调制型光学声传感器容易受强度波动影响的缺点。

1998 年，Fisher 等演示了光纤布拉格光栅可用于监测高频超声场，并通过使用短光栅和适当的光纤脱敏显著提高其性能，实现了约 4.5×10^{-3} atm/Hz $^{1/2}$ 的噪声限制压力分辨率[41]。2005 年，香港理工大学的 Guan 等利用双偏振分布布拉格反射器（DBR）光纤激光器作为声敏感单元，其工作原理是利用高频超声调制光纤激光器的双折射，成功验证了 DBR 光纤激光器对声压具有线性响应，可探测至少 40MHz 的声频[42]。2012 年，Wu 等采用相移光纤布拉格光栅（PS-FBG）作为传感器，通过调制可调谐激光器的输出来直接检测超声应变，实现了宽带高灵敏度的声检测。该系统不受激光强度噪声的影响，可以实现高信噪比和灵敏度，系统检测灵敏度为 9nε/Hz$^{1/2}$ [43]。2016 年，Sarkar 等将两对具有部分重叠频谱的光纤光栅以全桥组合的方式放置在设计合适的高介电常数材料弹性元件的相对两侧，通过弹性元件的振动来调制反射光的强度，基本原理图如图 1-7（b）所示。该基于光纤布拉格光栅（FBG）的波长调制型光学声传感器被设计成放置在高压设备内部，可以探测由于部分放电而发出的高频声波，并具有良好的动态响应、信噪比、灵敏度和温度不敏感性[44]。2018 年，Zhao 等建立了相移光学布拉格光栅的理论模型，详细研究了对称声场和非对称声场中相移光栅的有效折射率引起的波长漂移趋势，然后，分别设计并测试了非对称和对称两种结构的光纤激光声传感器。研究结果表明，非对称封装结构的分布式反馈光纤激光器的波长声响应比对称封装结构的分布式反馈光纤激光器的波长声响应更敏感，在低频段（0～500Hz）灵敏度平均提高约 15dB，最大提高 32.7dB[45]。然而，由于光谱边带的限制，FBG 型光学声传感器相对其他类型的光学声传感器灵敏度要稍低。

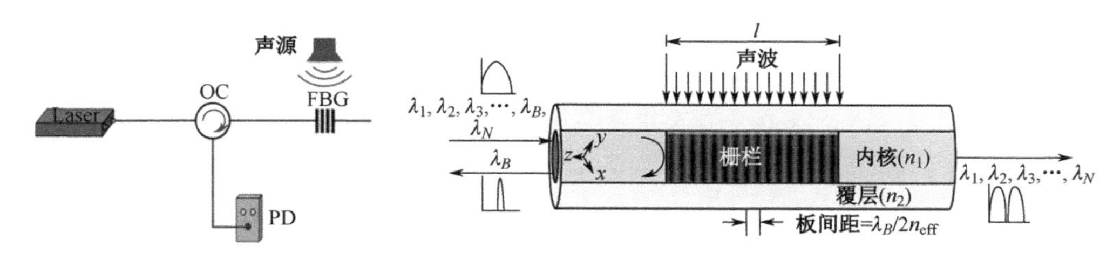

（a）波长调制型光学声传感器原理示意图　　（b）光纤布拉格光栅基本原理图

图 1-7　波长调制型光学声传感器及光纤布拉格光栅基本原理图

3. 相位调制型光学声传感器

相位调制型光学声传感器的声探测原理为光纤干涉仪探测声波扰动引起其光路中光程的微小变化，进而实现声探测，主要有四种类型：迈克尔逊干涉仪型[46,47]（Michelson Interferometer，MI）光学声传感器、萨格纳克干涉仪型（Sagnac Interferometer，SI）、马赫-增德尔干涉仪型[48]（Mach Zehnder Interferometer，MZI）光学声传感器和法布里-珀罗干涉仪型[49-51]（Fabry Pérot Interferometer，FPI）光学声传感器。

MI 光学声传感器的传感结构多采用单个耦合器将入射激光分为两束，两根末端具有反射率的光纤分别作为参考臂和传感臂，参考臂和传感臂的反射光发生干涉，通过对干涉光的探测实现传感信息测量，原理图如图 1-8 所示。声波振动会对由光纤大量缠绕或机械振动结构组成的传感臂的传输激光进行调制，从而产生一定的相位变化。对参考臂和传感臂末端的反射结构进行优化，可以提升 MI 光学声传感器的灵敏度和频率响应。

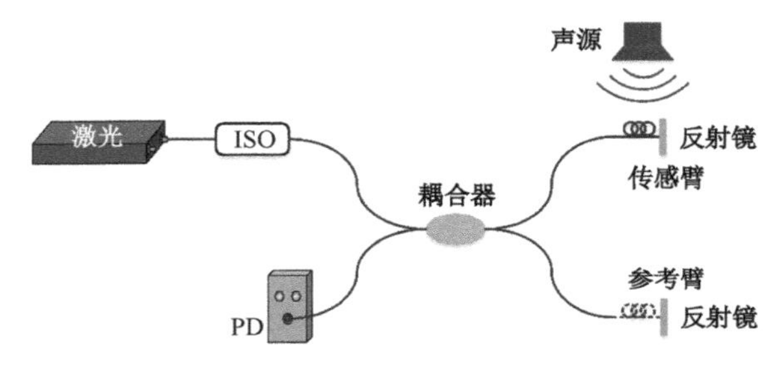

图 1-8　MI 光学声传感器原理图

2011 年，国防科技大学的 Zhang 等将 MI 系统中的双反射镜替换为只反射双侧光的 FBG，在简化了 MI 光学声传感器结构的基础上实现了在 100Hz～2kHz 内波动低于 0.3dB 的频率响应和 0.99994 的线性响应[52]。华中科技大学的 Liu 和 Fan 等先后在 2016 年和 2020 年分别将聚合物（PP/PET）膜和金膜作为 MI 系统中的反射镜，目的是提高光学声传感器的灵敏度。在基于 PP/PET 膜的 MI 光学声传感器的光路中，声信号引起的膜片变形将被放大 2 倍，因此该传感器在 90～4000Hz 的频率范围内灵敏度超过−128dB re 1rad/Pa，在 600Hz 处信噪比达到 42dB[53]。基于大面积金膜片的 MI 光学声传感器的相位灵敏度约为−130.6dB re 1rad/@100Hz。在 0.8～250Hz 的响应范围内，灵敏度波动小于 0.7dB[54]。在响应带宽为 5Hz 时，该传感器的信噪比（SNR）为 57.9dB，最小检测压力（MDP）为 10.2mPa/Hz$^{1/2}$。2021 年，大连理工大学的 Zhang 等采用圆柱形聚氟乙烯管包裹光纤作为无膜片声学换能器[55]，提高了 MI 光学声传感器对微弱声信号的响应能力，并在响应带宽为 1kHz 时测得灵敏度为 315.3nm/Pa，最小可探测声压级（MDSPL）为 20.4dB/Hz$^{1/2}$（1.9μPa/Hz$^{1/2}$）。

SI 光学声传感器的结构与 MI 光学声传感器类似，也采用单个光纤耦合器构成。与 MI 光学声传感器不同的是，SI 光学声传感器中不存在参考臂，它是通过对存在光程差的光纤线圈传播方向相反的两束光进行干涉从而实现声探测的，原理图如图 1-9 所示。SI 光学传感器的优点是 MI 光学声传感器中低频信号干扰的问题可以被改善。

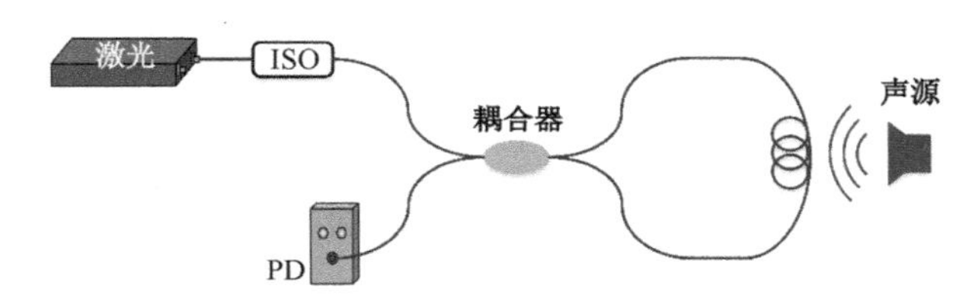

图 1-9　SI 光学声传感器原理图

为了提高 SI 光学声传感器的相位调制能力，研究者找到两种可行的技术方案。一种技术方案是在光纤线圈中加入一段高双折射率光纤或保偏光纤。2013 年，Markowski 等在 SI 的光纤线圈环中加入一段熊猫（PANDA）保偏光纤，在空气中实现的平坦频率响应范围为 300Hz～4.5kHz[56]。然而，这种结构的 SI 光学声传感器的声探测频率取决于光纤线圈的尺寸，很难实现宽频带响应。另一种技术方案是在 SI 系统中引入膜片式声敏感探头。2015 年，香港理工大学的 Ma 等基于这种方案提出了一种新型的 SI 光学声传感器，并在空气中实现了 1～20kHz 的频率响应范围[57]。2016 年，华中科技大学的 Fu 等结合上述两种技术方案，将长周期光纤光栅插入基于 SI 的保偏光子晶体光纤（PM-PCF）中，又引入 PET 薄膜敏感声音，所提出的声传感器系统实现了 331.9μPa/Hz$^{1/2}$ 的最小可探测声压和 40mV/kPa 的灵敏度[58]。

MZI 光学声传感器用到两个光纤耦合器，耦合器之间的两根光纤，一根作为传感臂，另一根作为参考臂，两根光纤的输出光叠加后进行干涉，原理图如图 1-10 所示。从图中可以看出，MZI 光学声传感器的工作原理与 MI 光学声传感器类似，只不过 MZI 光学声传感器属于透射式光学声传感器，而 MI 光学声传感器则是反射式光学声传感器。而且，相比 MI 光学声传感器，MZI 光学声传感器的结构要复杂一些。

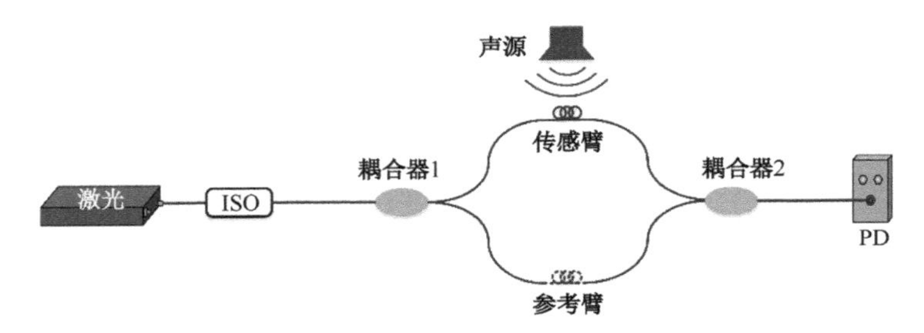

图 1-10　MZI 光学声传感器原理图

1977 年，Bucaro 等首次提出 MZI 光纤水听器，实现了 40～400kHz 的频率响应范围，最小探测声压为 0.1Pa[59]。2009 年，Gallego 等提出基于单模聚合物光纤的超声宽带 MZI 光学声传感器，由于聚合物光纤的杨氏模量相比传统的单模二氧化硅光纤较低，可以在水中与声场更好地耦合，因此，相位灵敏度提高了 12 倍以上，实验测得相位灵敏度为 13.1mrad/kPa，响应带宽高达 5MHz。该方法在实现宽频带的同时减小了 MZI 光学声传感器的结构尺寸，可用于生物医学应用[60]。2016 年，Pawar 等在 MZI 中使用了保偏光子晶体光纤，其由两个单模光纤拼接而成，工作波长为 1550nm。所得到的 MZI 光纤水听器可以实现 5～200Hz 的低频声探测[61]。2021 年，Dass 等提出了一种新型的光纤水听器系统。它由在传统的单模光纤（SMF）中创建两个锥形的直列 MZI（IMZI）结构组成。SMF 的锥形被一小段长度的未锥形 SMF 分开。为了获得更好的灵敏度，IMZI 被附着在天然橡胶（NR）的圆形膜片上。该水听器在水下的测试结果为：频率响应范围为 15～350Hz，灵敏度为 27.93nm/Pa，最小可检测压力为 5.53mPa/Hz$^{1/2}$，说明其可用于低频声学应用，如海底地震测量[62]。

与上述三种干涉仪型光学声传感器不同的是，FPI 光学声传感器不需要耦合器和参考臂，具有结构紧凑和高灵敏度的优点。FPI 光学声传感器的核心声敏感单元为由两个反射面构成的法珀腔，声场振动引起法珀腔腔长的变化，从而引起干涉光场变化，通过解调出光场的变化实现声探测[63]，原理图如图 1-11 所示。FPI 光学声传感器分为本征型 FPI 光学声传感器和非本征型 FPI 光学声传感器。

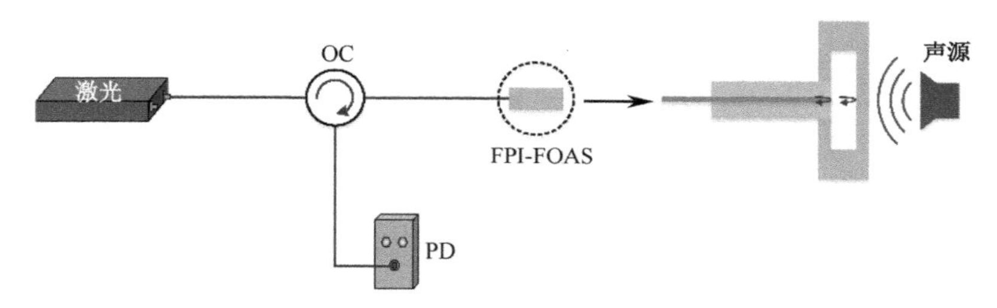

图 1-11　FPI 光学声传感器原理图

1）本征型 FPI 光学声传感器

本征型 FPI 光学声传感器是指光纤既是光传输元件，也是声敏感元件，由于不需要复杂的外部敏感元件，该类传感器具有结构简单的优点。早在 20 世纪 90 年代，Alcoz 等就提出一种由连续长度的单模光纤组成，本征型 FPI 光学声传感器，如图 1-12 所示，并实现了 100kHz～5MHz 的超声波探测，可用于现代复合材料的无损检测[64]。

之后，基于单模光纤、实芯光子晶体光纤和空心光子带隙光纤制成的 FPIs 陆续被提出[65-67]。其中，许多设备用于静态测量，如高温、高压和折射率测量，而动态响应包括超声检测的报道则很少。直到 2018 年西北大学的 Shao 等提出了一种基于葡萄柚光子晶体光纤的微全光纤悬芯传感器[68]，如图 1-13 所示，微米级悬浮核形成本征 FPI 对大范围的超声波频率具有很高的信噪比和空间分辨率。

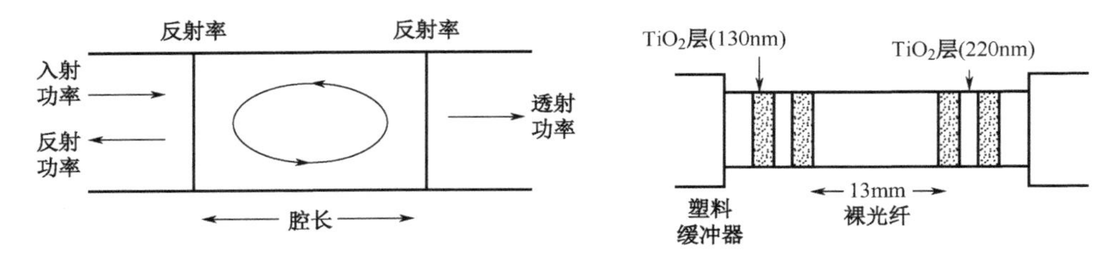

（a）FPI 示意图

（b）腔长 13mm，双 TiO_2 反射镜的 FPI 光学声传感器

图 1-12　本征型 FPI 光学声传感器

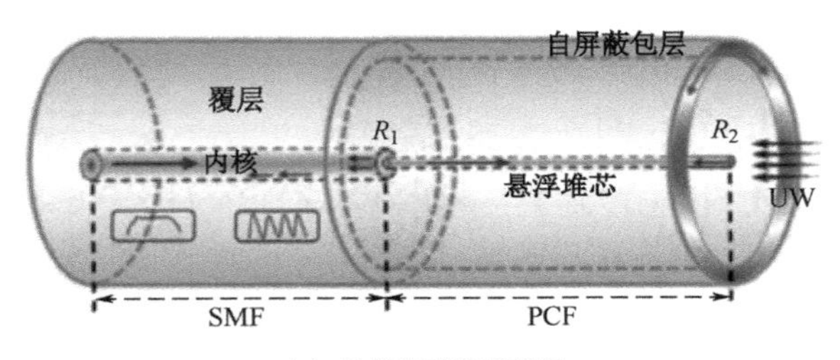

（a）悬芯传感器原理图

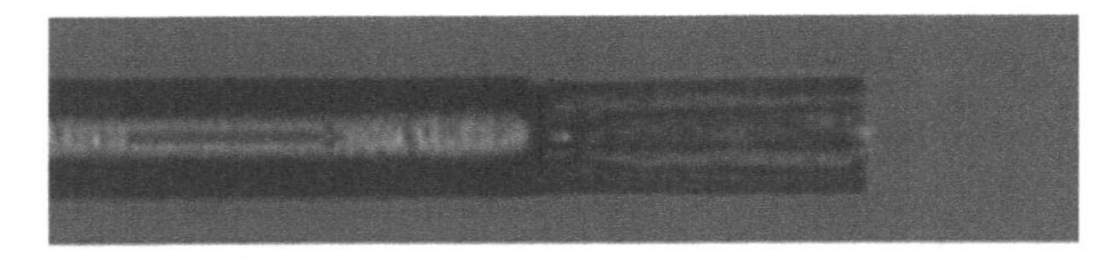

（b）悬芯传感器实物图

图 1-13　基于葡萄柚光子晶体光纤的微全光纤悬芯传感器

2019 年，重庆邮电大学的 Wang 等提出一种用于光学声传感的超细光纤 FPI 光学声传感器[69]。5μm 超细光纤 FPI 光学声传感器在 35MHz 带宽上实现了 18Pa 的噪声等效压力，其测试系统如图 1-14 所示。该研究成果说明较薄的超细光纤更容易实现强倏逝场，对今后在光声成像等相关传感领域的应用具有重要意义。

2019 年，渥太华大学的 Fan 等提出了一种基于超紧凑光纤的多模双腔 FPI 超声波传感器[70]，利用压电陶瓷的高次谐波作为超声源，实现了 5kHz～45.4MHz 的宽带频响，其实验装置示意图如图 1-15 所示。这种简单、经济的超声设备为无损检测和先进的生物医学应用提供了新的机会。

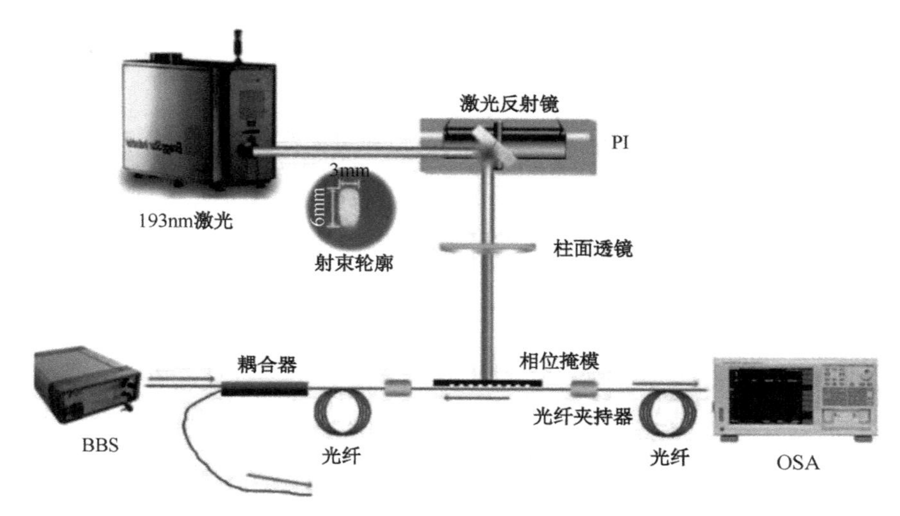

图 1-14 超细光纤 FBG-FPI 光学声传感器的测试系统

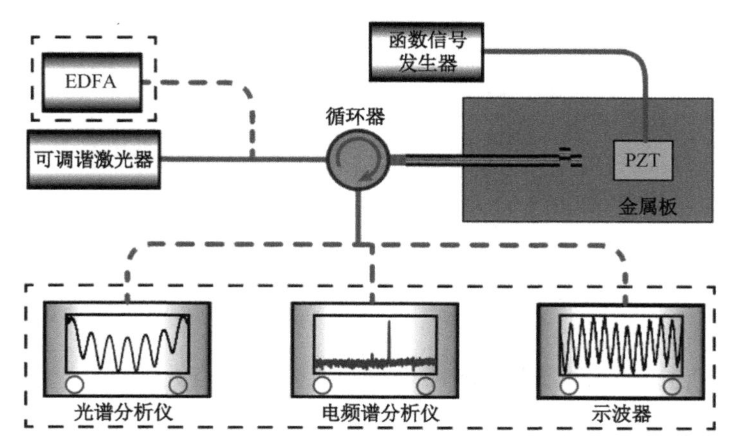

图 1-15 基于多模双腔 FPI 的超声传感测量实验装置示意图

2）非本征型 FPI 光学声传感器

非本征型 FPI 光学声传感器指光纤只起到导光的作用，声敏感元件为薄膜[71]

或其他可以随敏感声压变化的探测器件[72]。目前，科研人员研究最多的典型 FPI 光学声传感器核心声敏感结构为采用光纤末端端面和薄膜构成的法珀腔，容易实现大带宽和高灵敏度。其中，声敏感薄膜有聚合物薄膜、光子晶体薄膜[73]、石墨烯薄膜和金属膜[74-76]等。

（1）聚合物薄膜

1996 年，Beard 等基于由透明聚合物薄膜和多模光纤末端组成的低精细法珀腔，实现了一种非本征光纤超声传感器[77]。该传感器实现了高达 25MHz 的频响带宽和 61mV/MPa 的探测灵敏度，其性能可与 PVDF 膜式水听器媲美，其超声探测示意图如图 1-16 所示。2000 年，他们又通过直接在单模光纤末端沉积聚合物薄膜作为低精细法布里-珀罗干涉仪，实现了一种小孔径宽带超声光纤水听器[78]，其声学性能优于 PVDF 膜式水听器，在 25MHz 测量带宽内峰值等效噪声压力为 10kPa，宽带响应为 20MHz，动态范围为 60dB，线性检测上限为 11MPa。

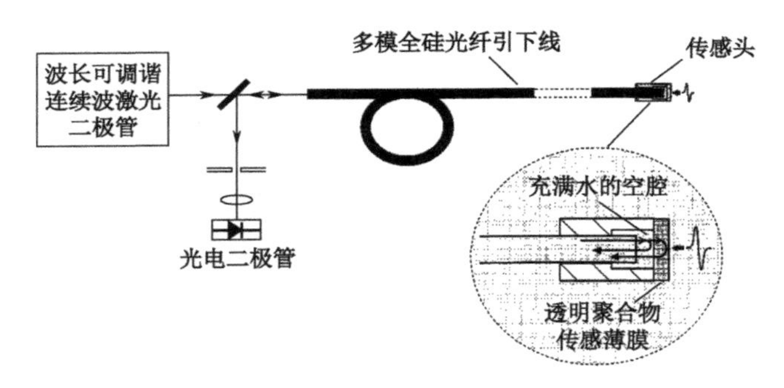

图 1-16　非本征光纤超声传感器超声探测示意图

2009 年，Beard 课题组的 Morris 等又研制了一种可同时测量声压和温度的双传感光纤水听器[79]，用于表征超声场和超声致热。其传感机制是基于对沉积在单模光纤顶端的聚合物膜法布里-珀罗干涉仪中声和热诱导厚度变化的检测，FPI 传感结构的原理图如图 1-17（a）所示。该传感器在 20MHz 的测量带宽下实现了 15kPa 的峰值等效噪声压力，频响带宽为 50MHz。除了声压的测量，该传感器还表现出良好的热性能，可以测试高达 70℃的温度，分辨率为 0.34℃。封装好的光纤水听器如图 1-17（b）所示。

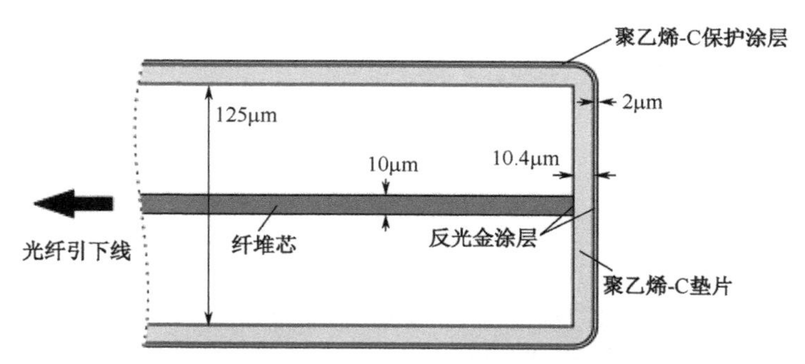

（a）沉积在光纤顶端的 FPI 传感结构的原理图

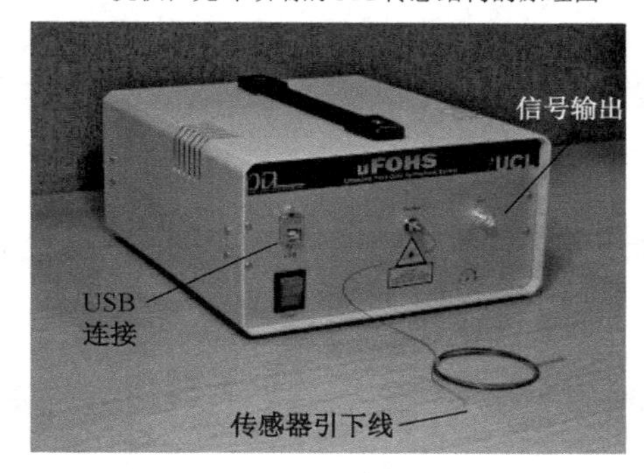

（b）封装好的光纤水听器

图 1-17　沉积在光纤顶端的 FPI 传感结构的原理图及封装好的光纤水听器

Parylene-C 是 Parylene 高分子聚合物系列中具有较大商业价值的一种。2017 年，大连理工大学的 Gong 等基于大面积 Parylene-C 薄膜提出了一种新型光纤针尖法布里–珀罗声传感器[80]，实物图如图 1-18 所示。该传感器对外界声压具有良好的低频响应，在频率为 20Hz 时声压灵敏度为 2060mV/Pa，可用于低频微弱声压检测。此外，由于 Parylene-C 是一种生物相容的光子材料，所提出的传感器在生物医学领域有很大的应用潜力。

（2）光子晶体薄膜

2007 年，斯坦福大学的 Kilic 等提出一种紧凑型光纤法布里-珀罗声学传感器[81]，如图 1-19 所示，该传感器由单模光纤和外部硅光子晶体反射镜形成，在空气中实现了 50kHz 的频率响应，最小可探测声压低至 18μPa/Hz$^{1/2}$，比相似类型的光纤声传感器低 4 个数量级。

图 1-18　新型光纤针尖法布里-珀罗声传感器实物图

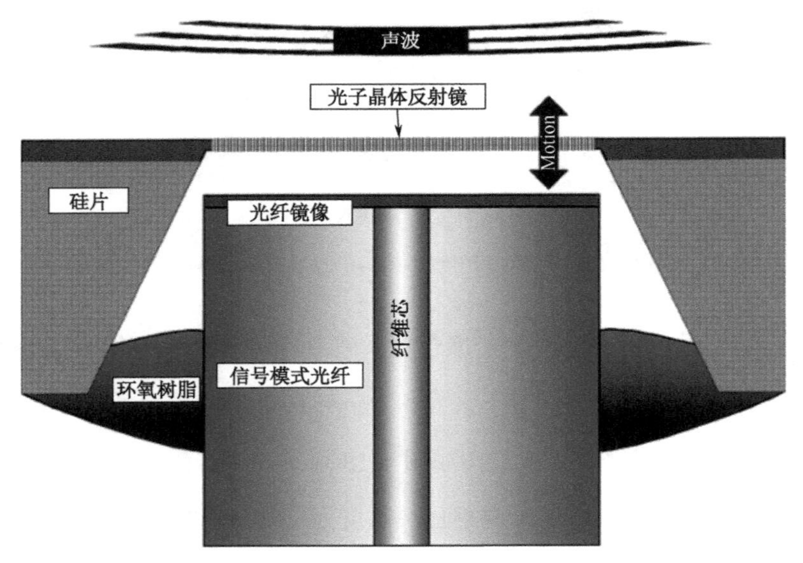

图 1-19　紧凑型光纤法布里-珀罗声学传感器示意图

2013 年，斯坦福大学的 Jo 等讨论了利用在光纤尖端制作光子晶体薄膜所得到的微型 FPI 进行光纤声学传感的最新进展[82]，声传感器的横截面图如图 1-20 所示。该传感器的频率响应在 600Hz～20kHz 之间是平坦的，归一化灵敏度高达 $0.17Pa^{-1}$；在 1kHz～30kHz 之间，其平均最小可探测声压为 $2.6\mu Pa/Hz^{1/2}$。这类稳定、紧凑型光学传感器具有在可听范围内进行高灵敏度检测的潜力。

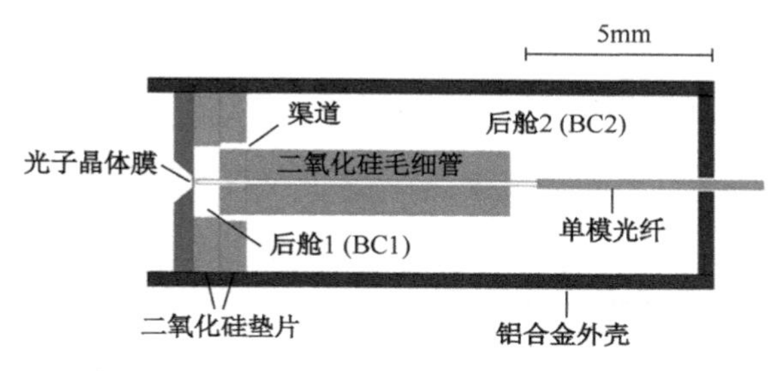

图 1-20 基于光子晶体薄膜声传感器横截面图

2021 年，Lorenzo 等基于光子晶体薄膜 FPI 水听器，描述了一种能够测量心肌细胞声信号的小型水听器的设计、特性和测试[83]。该水听器可以在小于 5mm 深的小液体体积中工作，并在浸泡过程中引入一个微通道来排气，从而使带宽和灵敏度得到优化。组装好的小型水听器截面图和实物图如图 1-21 所示。在水中的建模和实验结果显示，带宽为 50Hz～18kHz，最小可检测压力为 $3\mu Pa/Hz^{1/2}$。

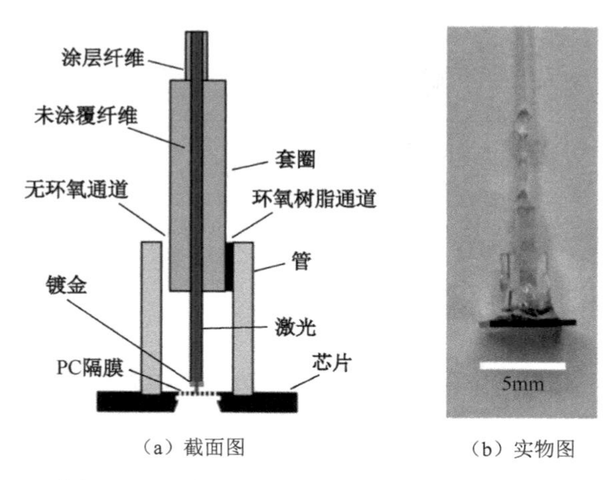

（a）截面图　（b）实物图

图 1-21 组装好的小型水听器截面图和实物图

（3）石墨烯薄膜

2013 年，香港理工大学的 Ma 等报道了一种基于约 100nm 厚的多层石墨烯膜片的光纤法布里-珀罗声传感器[84]，原理图和实物图如图 1-22 所示。它在空气中表现出 0.2～22kHz 的平坦频率响应、60μPa/Hz$^{1/2}$ 的噪声等效声压级和 1100nm/kPa 的声压灵敏度的声性能，可用于高灵敏度的声探测。

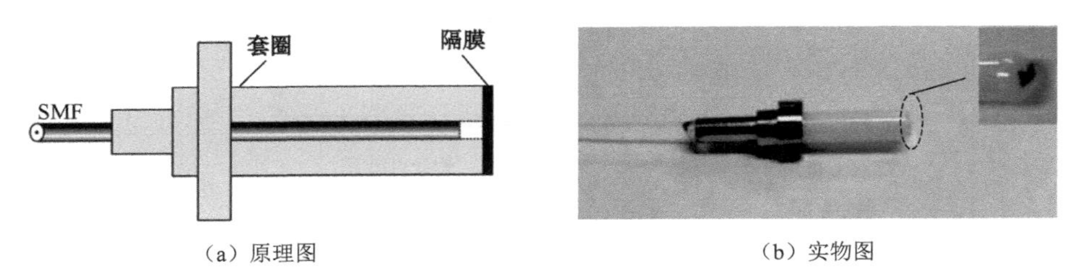

（a）原理图　　（b）实物图

图 1-22　基于约 100nm 厚的多层石墨烯膜片的光纤法布里-珀罗声传感器的原理图和实物图

2015 年，北京航空航天大学的 Li 等通过采用更薄的多层石墨烯膜片，将该光纤法布里-珀罗声传感器的声压灵敏度提高为 2380nm/kPa，证明了使用纳米厚石墨烯膜片设计超高灵敏度声传感器的有效性[85]。图 1-23 为基于超薄 13 层石墨烯薄膜的光纤法布里-珀罗声传感器的实物图。

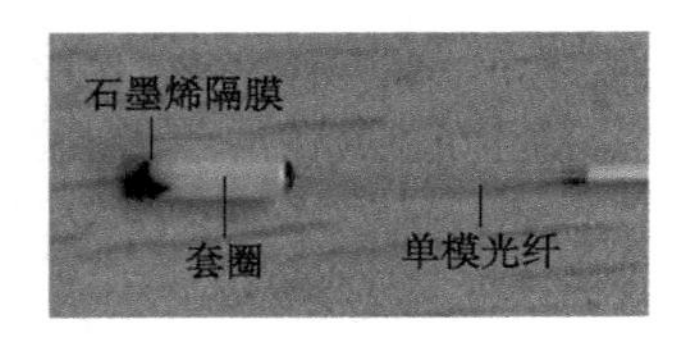

图 1-23　基于超薄 13 层石墨烯薄膜的光纤法布里-珀罗声传感器的实物图

2018 年，华中科技大学的 Ni 等提出了一种基于 10nm 厚石墨烯膜片的超宽带光纤声传感器[86]，原理图和实物图如图 1-24 所示。经实验验证，该声传感器频率响应范围为 5Hz～0.8MHz，覆盖了从次声到超声的范围，同时实现了噪声限制最小可探测声压为 0.77μPa/Hz$^{1/2}$@5Hz 和 33.97μPa/Hz$^{1/2}$@10kHz。由于所制备的 EFPI

具有封闭的空腔，可以在空气和水下进行测量。

虽然石墨烯具有超薄厚度、超低质量和高机械弹性等优异性能，但它在空气中易碎，在传递过程中容易破裂。氧化石墨烯（GO）是石墨烯的衍生物，具有与石墨烯相似的结构，因此具有与石墨烯相似的光学性质。此外，氧化石墨烯薄膜具有制备路线可靠、厚度可控等优点。因此，氧化石墨烯薄膜也可以作为声敏感膜片[87]。

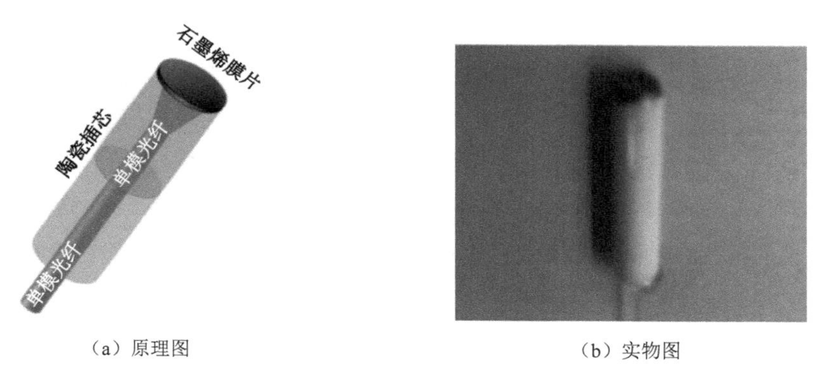

（a）原理图　　（b）实物图

图 1-24　基于 10nm 厚石墨烯膜片的超宽带光纤声传感器的原理图和实物图

2020 年，重庆大学的 Wang 等介绍了一种由单模光纤和氧化石墨烯薄膜组成的 FPI 光纤声传感器[88]，声探测原理图如图 1-25 所示。该传感器在 200Hz～20kHz 范围内保持线性声压响应和平坦频率响应，同时是一种全向传感器，在 10 天的测试期内具有很高的工作稳定性。

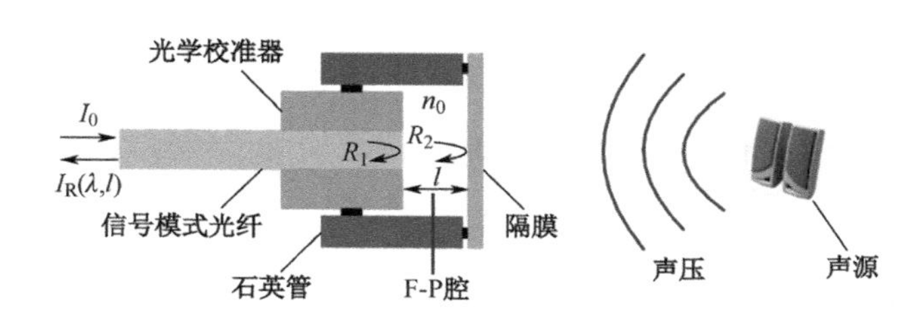

图 1-25　FPI 光纤声传感器的声探测原理图

2021年，南京邮电大学的Wang等提出了一种基于氧化石墨烯法布里–珀罗微腔（GOFPM）的多频光纤声传感器[89]。图1-26（a）是玻璃管末端的氧化石墨烯薄膜，图1-26（b）是封装好的氧化石墨烯法布里–珀罗微腔。单频声信号检测时，信噪比（SNR）可达65.2dB，频率响应范围较宽，为400Hz～20kHz，线性度约为1。双频和三频声信号检测的信噪比分别为65.1dB和61.8dB。提出的多频光纤声传感器在结构健康监测、光纤水听器、管道泄漏检测、生物医学等领域具有潜在的应用前景。

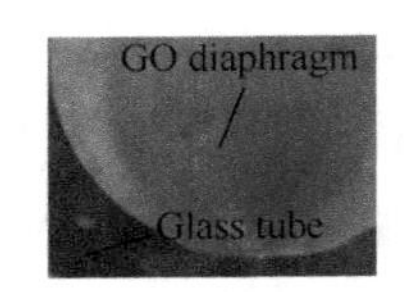

（a）玻璃管末端的氧化石墨烯薄膜

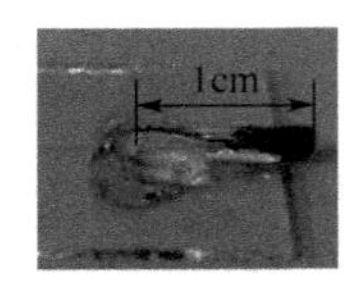

（b）封装好的氧化石墨烯法布里–珀罗微腔

图1-26　玻璃管末端的氧化石墨烯薄膜及封装好的氧化石墨烯法布里–珀罗微腔

（4）金属膜

2016年，哈尔滨工业大学的Liu等采用磁控溅射的方法制备银薄膜，能更好地控制膜厚，并利用基于正性光刻胶的牺牲层工艺很好地保持了膜片的平整度[90]，实物图如图1-27（a）所示。该基于大面积银膜的光纤FPI声学传感器的声灵敏度为−124.8dB re 1V/μPa，线性压力响应范围为2.5～268mPa，在0.2～2.8kHz范围内表现出平坦的频率响应，噪声等效声信号电压为83μPa/Hz$^{1/2}$@1kHz。上述声性能表明，其有望用于微弱声传感领域。2018年，该课题组又提出一种基于波纹银膜片的非本征型FPI光纤传声器[91]，实物图如图1-27（b）所示。这种波纹银膜片虽然可以提高传感器的灵敏度，但是相对于同参数的平面银薄膜，频率响应平坦范围较小。

2020年，天津大学的Qi等研制了一种基于飞轮状不锈钢膜片的FPI光纤声传感器[92]，传感器结构及封装如图1-28所示。该膜片突破了边缘夹紧圆结构增加厚度和减小半径所带来的灵敏度限制。该传感器在4.5kHz频率下的声压灵敏度为1.525nm/Pa。获得的噪声限制最小可探测声压为13.06μPa/Hz$^{1/2}$@4.5kHz，声压信噪比为70.42dB@4.5kHz。在整个频率范围内，可以获得腔长变化的平均信噪比为62.43dB。高成本效益和小巧的尺寸使该声学传感器具有竞争优势，这对商业应用至关重要。

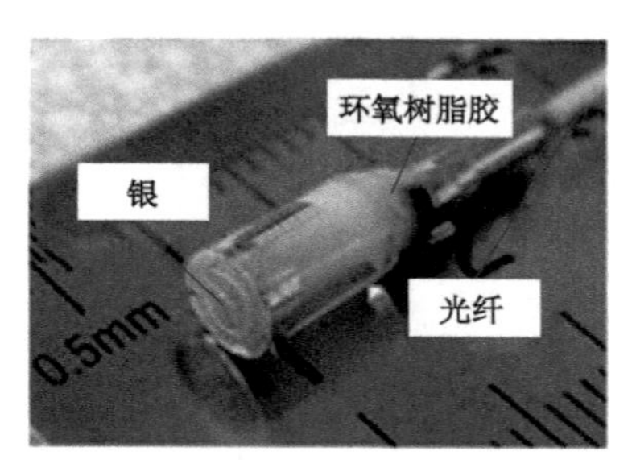

（a）基于大面积银膜的光纤FPI型声学传感器的实物图

（b）基于波纹银膜片的非本征FPI型光纤传声器的实物图

图1-27　基于大面积银膜的光纤型FPI声学传感器的实物图及基于波纹银膜片的非本征型FPI光纤传声器的实物图

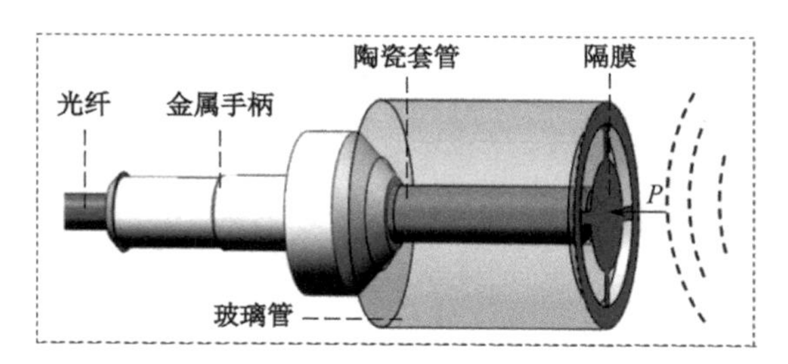

（a）传感头结构示意图

（b）传感头实物图

（c）传感器封装样品

图1-28　基于反轮状不锈钢膜片的FPI光纤声传感器的结构及封装

2021 年，厦门大学的 Xiang 等提出了一种基于金膜片的高灵敏度光纤法布里-珀罗干涉仪传感器[93]，其由 140nm 厚的金膜片和光纤准直器端面组成，两者都被封装在一个由玻璃管制成的结构中。图 1-29 所示为声传感实验系统的原理图。实验结果表明，该传感器具有 400Hz～12kHz 的平坦响应范围，压力灵敏度和最小可探测声压级分别为 175.7dB re 1rad/μPa@150Hz 和 95.3μPa/Hz$^{1/2}$@2kHz。该传感器具有灵敏度高、频率响应宽、成本低、制作简单等优点，在实际应用中具有作为高灵敏度、高音质光纤传声器的潜力。

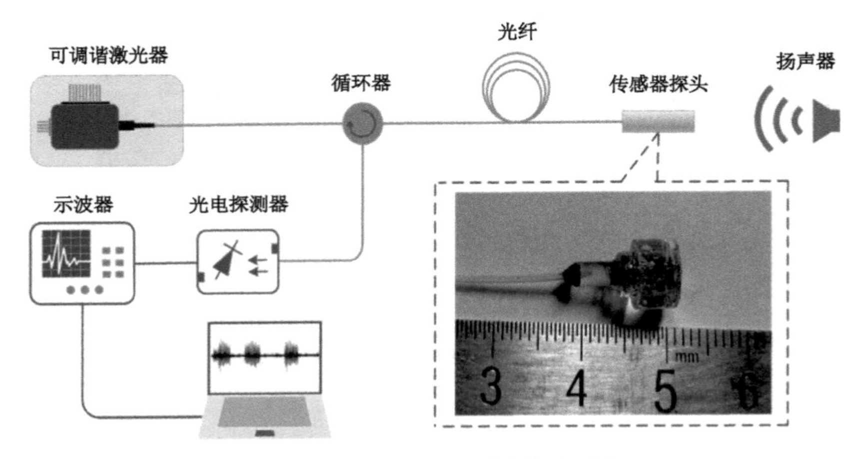

图 1-29　声传感实验系统的原理图

此外，基于二氧化硅膜片[94,95]、胶黏膜片[96]、二硫化钼膜片[97]和硅膜[98]的非本征型 FPI 光纤声传感器也被陆续研制出来，并可用于定向声学测量、极低频声传感等声探测领域。然而，膜片作为声敏感材料，要想实现高灵敏度，则需要膜片的厚度非常薄，但膜片过薄的话又会容易破损而导致声探测动态范围较小。同时，频率响应特性也受膜片的尺寸、类型、厚度等的限制。总之，基于膜片的 FPI 光纤声传感器存在灵敏度、频率响应和动态范围之间的权衡，所能实现的声传感性能有限。

虽然间接耦合型光纤声传感器是目前较为成熟且被广泛应用的光纤声传感技术，但其性能参数在一定程度上受到声耦合材料的限制。比如，其可以在水中实现大带宽、高声压下的低灵敏度声探测；在空气环境中具有高灵敏度声探测性能，但难以实现大带宽和动态范围。

1.2.2　直接耦合型光学声传感器

直接耦合型光学声传感器是最近几年发展起来的一项新型光学声传感技术，其声敏感原理为声波扰动引起空气折射率的微小变化，然后直接用光束检测空气折射率的变化从而实现声探测。因为摆脱了声耦合材料的限制，直接耦合型光学声传感器相比间接耦合型光学声传感器具有宽频带、高灵敏度和大动态范围的优点。目前，直接耦合型光学声传感器主要有自耦合效应型、MZI 型和法珀腔型等。

2016 年，Mizushima 等提出了一种基于半导体激光器自耦合效应的激光传声器，声敏感原理是声波信号会线性改变空气折射率，从而使自耦合激光产生光强变化，原理图如图 1-30 所示。激光传声器具有宽而平的频率响应，最小可

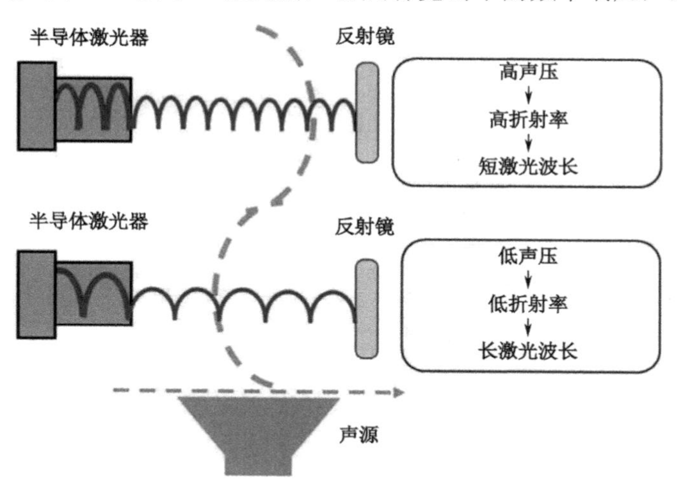

图 1-30　基于半导体激光器自耦合效的激光传声器原理图

探测声压为 10mPa[62]。2017 年，Mizushima 等利用抛物面声波反射器收集声波来提高声响应灵敏度。实验结果表明，激光传声器在 40Hz～50kHz 范围内具有近乎平坦的频率响应，灵敏度为 35mV/Pa，最小可探测声压低至 4.5mPa[99]。

2011 年，Fischer 等提出了基于这种新型声敏感原理的无膜光学麦克风[100]，声敏感结构为由两个部分透射的平面镜组成的刚性法珀腔，声探测原理为声波扰动使平面镜之间的空气折射率发生变化，通过检测折射率变化实现声信号探测。图 1-31 是其实验原理图和声压灵敏度曲线，实现的声压灵敏度达 80mV/Pa。声信号探测的灵敏度由反射镜的反射率决定，反射率越高，所能实现的灵敏度越高。在室温和标准大气压下，空气折射率的变化为 2.84×10^{-9}/Pa，理论上，基于法珀腔的直接耦合型光纤声传感器可以检测到的最小折射率变化为 10^{-14}。2016 年，奥地利 XARION 激光声学公司研发了高性能的微小型法珀腔光纤声传感器[22]，其产品样机及探头如图 1-32 所示。该产品在空气中实现了 10Hz～1MHz 的频率响应，动态范围为 100dB，但灵敏度只有 10mV/Pa，应该是由于该产品中的镜面反射率较低造成的。

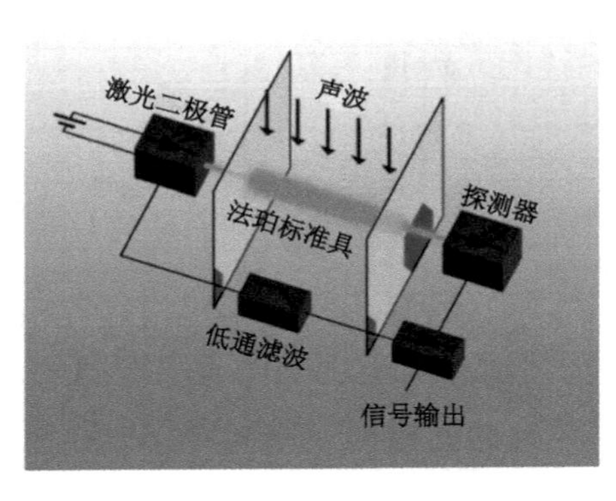

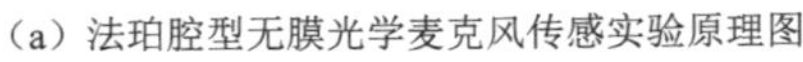
（a）法珀腔型无膜光学麦克风传感实验原理图

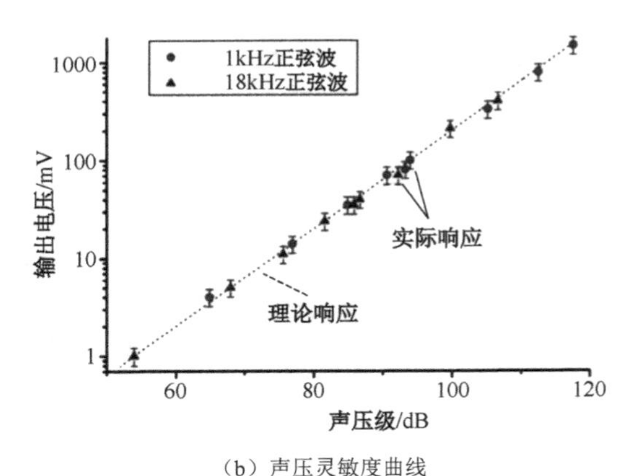

（b）声压灵敏度曲线

图 1-31　法珀腔型无膜光学麦克风传感实验原理图及声压灵敏度曲线

（a）微小型法珀腔光纤声传感器产品样机

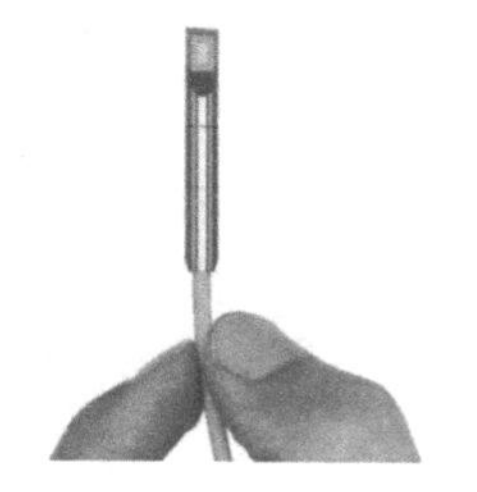

（b）微小型法珀腔光纤声传感探头

图 1-32　微小型法珀腔光纤声传感器产品样机及探头

中北大学从 2016 年开始进行基于高 Q 值法珀共振敏感机制的全固态超宽频带高灵敏声传感器件的相关研究，主要围绕法珀腔声压敏感机理、全固态法珀腔结构力学参数特性、基于高频载波调相谱的高 Q 值法珀腔稳频环路模型等基础科学问题，先后申请了国家自然科学基金面上项目、中央军委装备发展部预研项目等，重点解决宽频带高灵敏度声敏感法珀腔的结构参数匹配设计、法珀腔一体化全封装技术、极微弱信号检测关键技术及宽频带高灵敏法珀腔声敏感单元的环境适应性等关键技术，为实现集成化、批量化的超宽频带（～MHz）、高灵敏声传感器件奠定了一定的基础。

2020 年，中北大学的 Chen 等基于高品质因数法珀腔的谐振效应，报道了一种纯光学无振膜光纤声传感器[23]，声传感器实物图如图 1-33 所示。采用光胶工艺实现高品质因数法珀腔的小批量制造和高一致性。该法珀腔由两个平行平面镜组成，反射率超过 99%，品质因数高达 10^6。光纤准直器用来进行光纤与法珀腔的光耦合，目的是增加光耦合效率，降低损耗。所提出的微光纤声传感器实现了 177.6mV/Pa 的高灵敏度。由于声波调制时法珀腔空气隙中的空气折射率发生了变化，得到了 20Hz～70kHz 的频率响应，平坦度为±2dB，同时测得了 100.51dB 的大动态范围。这项工作得到了直接利用光束检测声波引起空气介质折射率的微小变化来实现声探测的纯光学无振膜微小型光纤声传感器，形成了具有自主知识产权的专利技术，提升了我国在全固态宽频带高灵敏度声传感研究领域的核心竞争力。

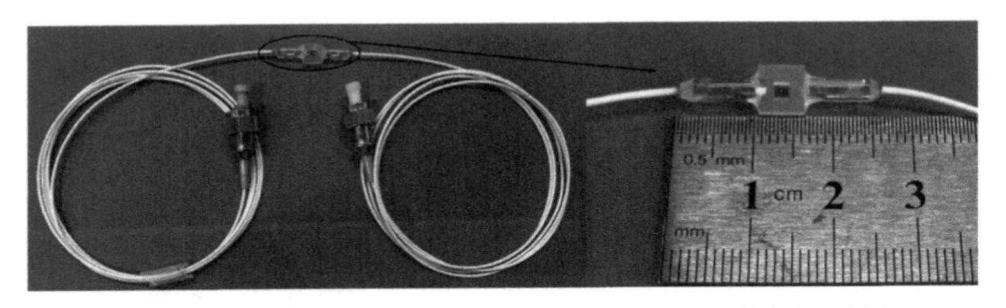

（a）基于高品质因数法珀腔的微光纤声传感器　　（b）传感头尺寸图

图 1-33　基于高品质因数法珀腔的微光纤声传感器及尺寸图

2020 年，西北大学的 Zhu 等设计并加工出无振膜 MZI 光纤声传感器，声传感原理图如图 1-34（a）所示[101]。该光纤声传感器是基于 3D 打印技术制备的与光纤耦合器陶瓷插芯所匹配的套管结构，结构体积小巧，传感头实物图如图 1-34（b）所示。实验测试结果为，频率响应范围 4～20kHz，声压灵敏度约 150mV/Pa，同时最小可探测声压 0.01Pa，最大可探测声压 1.04Pa。目前，该声传感器仅处于实验研究阶段，没有工程化样品。

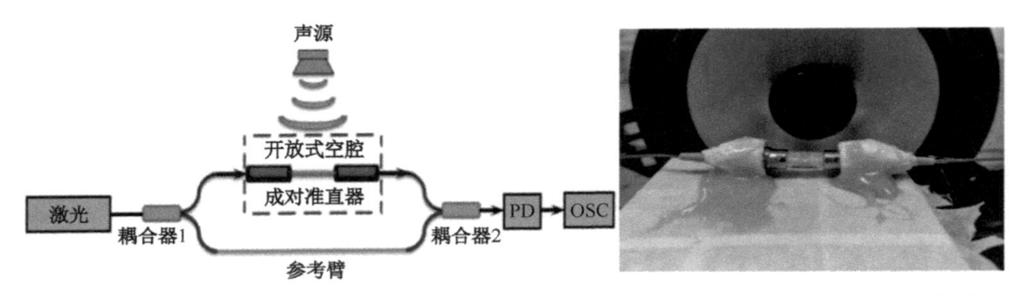

（a）基于 MZI 的无膜声传感原理图　　（b）MZI 型 3D 打印套管光纤声传感头实物图

图 1-34　基于 MZI 的无膜声传感原理图及 3D 打印套管光纤声传感头实物图

直接耦合型光纤声传感技术中，自耦合效应型光纤声传感器虽然开辟了一种新的声探测路径，但其整体结构相对复杂，不利于微型化声传感；法珀腔型光纤声传感器不仅结构简单、体积小，还可以实现频率响应平坦范围在兆赫兹以上的声探测，特别是基于高 Q 值法珀腔谐振效应的光纤声传感技术能充分利用光腔的多次反射特性，通过增加光程进一步提高声检测灵敏度，是一种极具发展价值的新技术。

表 1-1 是不同技术类型光纤声传感器性能参数对比表。从表中可以看出，光强调制型光纤声传感器中的弯曲波导型、耦合波导型和悬臂型主要应用于水声领域，反射型和移动闸门型多用于空气声领域，而且反射型和移动闸门型的光纤声传感器灵敏度相比其他三种要高很多。与光强调制型光纤声传感器相比，波长调制型光纤声传感器虽然可以在水声领域实现超宽频带的声探测，但由于 FBG 光谱边带的限制，灵敏度较低。相位调制型光纤声传感器在空气声领域中的探测灵敏度更高，频带响应更宽，其中 FPI 型光纤声传感器的声探测性能要明显优于其他三种类型。直接耦合型光纤声传感器利用光与声场直接耦合实现声探测，可以摆脱声耦合材料的限制，使得传感器在空气声领域具有很好的线性和宽频带响应特性。其中自耦合效应型光纤声传感器在空气中实现了 50kHz 的宽频带和 132mV/Pa 的高灵敏度，但结构复杂，不利于微型化；法珀腔型光纤声传感器结构简单、体积小，可以实现 20Hz～100kHz 的平坦宽频带、177.6mV/Pa 的高灵敏度和 100.51dB 的大动态范围声探测，而且声性能还能进一步提升。比如，可以通过更高精度的位移平台进行光纤与法珀腔的耦合，降低光损耗，增加声响应灵敏度。综上所述，基于法珀腔的光学声传感器是当前性能最优，也是最具有发展前景的光学声传感器。

表 1-1　不同技术类型光纤声传感器性能参数对比表

技术类型	敏感类型	响应带宽/Hz	灵敏度/（mV/Pa）	最小可探测声压/（μPa/$\sqrt{\text{Hz}}$）	噪声等效压力/Pa	测试环境	动态范围/dB	参考文献
光强调制型	弯曲波导型	200～1.5k	3.16×10^{-4}	NA	NA	水	NA	[36]
	耦合波导型	155k	5.6	NA	NA	水	NA	[39]
	悬臂型	100～10k	NA	NA	1.26×10^{-3}	水	NA	[37]
	反射型	20～2k	80	NA	NA	空气	NA	[40]
	移动闸门型	10～15k	100	NA	NA	空气	31-114	[35]

续表

技术类型	敏感类型	响应带宽/Hz	灵敏度/（mV/Pa）	最小可探测声压/（μPa/$\sqrt{Hz}$）	噪声等效压力/Pa	测试环境	动态范围/dB	参考文献
相位调制型	MI 型	150～1.3k	NA	1.9	NA	空气	NA	[55]
	SI 型	18k	NA	450	NA	空气	NA	[57]
	MZI 型	15～250	NA	5530	NA	空气	NA	[62]
	FPI 型	100～20k	NA	10.2	NA	空气	NA	[63]
波长调制型	FBG 型	20M	NA	NA	79.43	水	NA	[42]
直接耦合型	自耦合效应型	40～50k	132	NA	NA	空气	NA	[99]
	法珀腔型	20～100k	177.6	NA	NA	空气	100.51	[22]

注：NA=没有可用数据。

表 1-2 总结对比了基于不同声敏感元件的法珀腔光纤声传感器的性能。从表中可以看出，用作水听器的光纤声传感器能在水中实现宽频带的声探测，但灵敏度较低。而用于空气声探测的光纤声传感器能实现很高的灵敏度，可进行弱声探测，但频带较低，多集中在人声频域。另外，由表 1-1 和表 1-2 可以明显看出关于光纤声传感器的动态范围特性的研究甚少，对 FPI 光纤声传感器来说，主要是由于声耦合材料的声学限制，在实现高灵敏度或宽频带的同时很难再进一步提高动态范围。而法珀腔的全刚性结构特性决定了基于法珀腔的光纤声传感器可以实现大动态范围的声探测。综上所述，中北大学提出的基于法珀腔谐振效应的无振膜光纤声传感器实现了宽频带、高灵敏度和大动态范围空气声探测。这一类无振膜光纤声传感器的出现为光纤声传感器向理想声探测性能发展方向迈进起到了极大的促进作用，具有重要的研究价值。

表 1-2　基于不同敏感元件的法珀腔光纤声传感器的性能总结与对比

类型	敏感元件	机构	带宽/Hz	灵敏度/（mV/Pa）	最小可探测声压/（μPa/$\sqrt{Hz}$）	噪声等效压力/Pa	动态范围/dB	测试环境	参考文献
FPI 型	单模光纤	渥太华大学	5k～45.4M	NA	NA	NA	NA	金属	[70]

续表

类型	敏感元件	机构	带宽 /Hz	灵敏度 /（mV/Pa）	最小可探测声压 /（μPa/$\sqrt{Hz}$）	噪声等效压力 /Pa	动态范围 /dB	测试环境	参考文献
FPI型	超细光纤	重庆邮电大学	35M	NA	NA	18	NA	水	[69]
	银膜	哈尔滨工业大学	63～10k	NA	86.97	NA	64.88	空气	[91]
	石墨烯薄膜	华中科技大学	5～100k	NA	33.97	NA	NA	空气	[86]
	光子晶体薄膜	斯坦福大学	50～18k	NA	140	NA	NA	水	[83]
	Parylene 聚合物薄膜	伦敦大学	50M	5.8×10^{-4}	NA	NA	4.44	水	[80]
	硅膜	天津大学	21k	4.65	NA	NA	NA	空气	[98]
法珀腔型	无膜	奥地利 XARION 公司	10～1M	10	NA	NA	100	空气	[22]
	无膜	中北大学	20～100k	177.6	530	NA	100.51	空气	[23]

注：NA=没有可用数据。

1.3 光学声传感器的 MEMS 制备工艺

根据 1.2 节中对不同类型光学声传感器研究现状的分析和讨论可以得出微小型化光学声传感器是面向原位、集成传感应用的亟需器件的结论。微小型化的核心是 MEMS 制备工艺，其中主要涉及的声敏感结构为微结构光纤光栅、光纤干涉仪和微谐振腔等。本节将主要围绕上述三种结构展开 MEMS 制备工艺介绍。

1.3.1 微结构光纤光栅的 MEMS 制备工艺

1. 细芯超长周期光纤光栅的制备

2017 年，华中科技大学的 Ni 等提出一种基于细芯超长周期光纤光栅

（TC-ULPFG）的新型曲率和声传感器[102]。所提出的 TC-ULPFG 是通过采用高频 CO_2 激光器对细芯光纤（Thin-Core-Fiber，TCF）的单边侧向进行逐点扫描刻写得到的。所选的高频 CO_2 激光器是 SYNRAD 公司的 48-2 型号，可输出最大的光功率为 30W，输出的光斑直径大小为 3.5mm，远场发散角为 4mrad，光束质量 M^2<1.2，输出光功率的稳定性为±5%。如图 1-35 所示为 TC-ULPFG 的制备平台示意图，采用在线连续刻写的方式来制备 TC-ULPFG。通过计算机上光栅刻写的软件平台来控制激光器的工作状态，设置扫描周期数、打点间隔和输出光功率大小等条件。

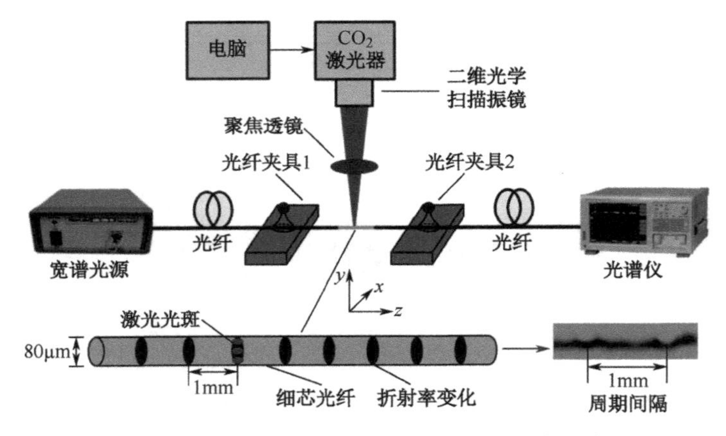

图 1-35　细芯超长周期光纤光栅的制备平台示意图

CO_2 激光输出前先进行可见光光路的对准调试，使聚焦后的 CO_2 激光光斑垂直入射到包层直径为 80μm 的 TCF 上。在激光作用在 TCF 之前，所选用的 TCF 两端均需预先熔接上两根单模光纤跳线，熔接好的 TCF 水平放置在两端位移平台的正中间，通过准直光调整好 TCF 的初始位置后，TCF 两端用光纤夹具将光纤固定在调整好的位置。通过两端的跳线分别接上宽谱光源（Broad Band Source，BBS）和光谱分析仪（Optical Spectrum Analyzer，OSA），这样便可通过实时观测 OSA 上的光谱曲线变化实现 TC-ULPFG 的在线刻写。制备出的 TC-ULPFG 的传感结构示意图如图 1-36 所示。TC-ULPFG 的左右两端分别定义为输入细芯光纤（Input TCF，ITCF）和输出细芯光纤（Output TCF，OTCF），其对应连接的单模光纤分别为输入单模光纤（Input SMF，ISMF）和输出单模光纤（Output SMF，OSMF）。

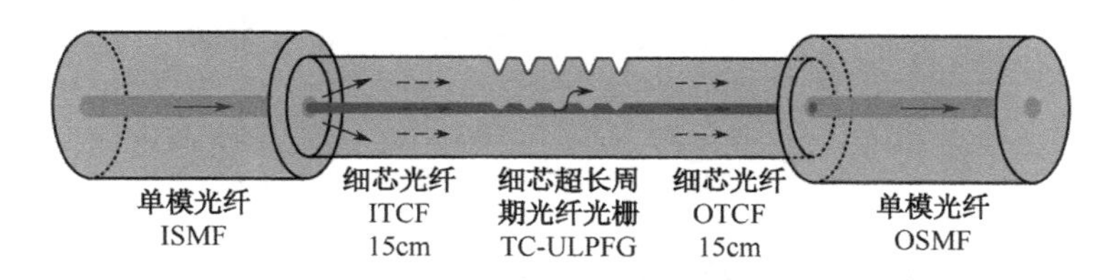

图 1-36 细芯超长周期光纤光栅传感结构示意图

2. 微型聚合物布拉格光栅的制备

2022 年，西北大学的 Yin 等研制出一种微型聚合物布拉格光栅（PBG）传感器，同样将其用于地震物理模型的超声成像[103]。如图 1-37（a）所示，在毛细管光纤中制备 UV 胶聚合物波导用于光栅刻字。将长 3cm、内径 150μm 的毛细管纤维浸入 UV 胶（NOA146H）中，在毛细管纤维内部形成毛细管吸收诱导胶柱。同时，沿毛细管纤维将裁剪良好的单模光纤（SMF）插入胶柱中，使光纤端浸入胶柱中，进行 SMF 与聚合物波导的光耦合和再耦合，如图 1-37（b）所示。为减少耦合损耗，应选择折射率为 1.46 的 UV 胶。注意：胶柱毛细管长度和 SMF 端浸水深度可根据需要进行调整。然后，在 UV 灯照射下，将整个胶柱完全固化 20 分钟，形成单一形状的聚合物波导。随后，使用 Ti:sapphire 激光系统（Libra-USP-HE, Coherent Inc., USA）在获得的聚合物波导结构中加工 PBG。激光源发射 50fs 的线性偏振光脉冲，中心波长约 800nm（TEM00 空间模式，200Hz 重复率），通过显微镜物镜聚焦到聚合物波导上（ZEISS, 40X, 0.75N.A.）。采用折射率匹配油来减小聚合物波导与空气界面的像差。聚合物波导光纤被放置在微加工装置（纽波特）上执行逐行光栅写入。

使用光栅宽度为30μm的PBG俯视图显微图，如图1-37（c）所示。

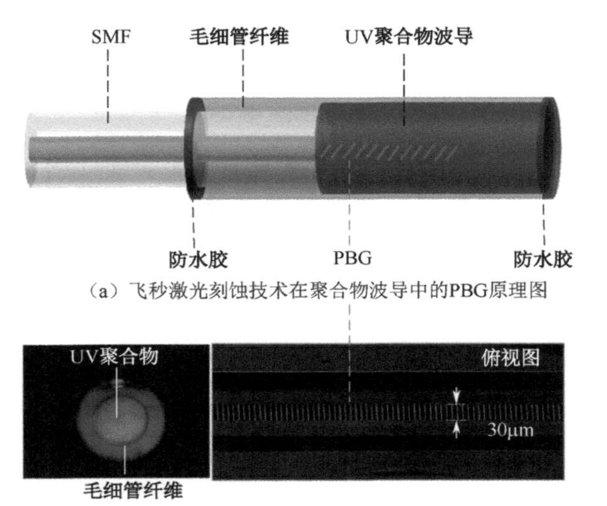

（a）飞秒激光刻蚀技术在聚合物波导中的PBG原理图

（b）聚合物波导光纤的截面图　（c）光栅宽度为30μm的PBG俯视图显微图

图1-37　微型聚合物布拉格光栅（PBG）传感器示意图

1.3.2　光纤干涉仪的MEMS制备工艺

1. 迈克尔逊干涉仪（MI）

华中科技大学的Liu和Fan等先后在2016年和2020年分别将聚合物（PP/PET）膜[53]和金膜[54]作为MI系统中的反射镜，目的是提高光纤声传感器的灵敏度。改进后的MI光纤声波传感器的传感头包含一块材料为PP/PET（聚丙烯 / 聚对苯二甲酸乙二醇酯）的聚合物薄膜、两块铅膜、两个光纤准直器、两个圆柱形铝制支架。整个制作过程如下：首先，准备一块直径为2cm、厚度为25μm的圆形PP/PET聚合物薄膜作为传感膜片。其次，用紫外胶水将两块直径为2mm、厚度为3μm的铅膜黏贴在PP/PET薄膜两个端面的中间。黏贴两块铅膜的作用在于：一是提高 PP/PET 薄膜的端面反射率，铝膜的反射率高达 90%以上，避免 PP/PET 薄膜端面反射光和光纤准直器端面反射光发生 FP 干涉，干扰最后测量结果；二是黏贴的铝膜和 PP/PET 薄膜形成了凸台型结构，凸台型结构可减小传感膜片的形变角度，保证传感膜片中心平面和光纤准直器端面处于基本平行状态，增加 MI 工作的稳定性。再次，使用环氧树脂胶将 PP/PET 薄膜固定在两个圆柱形铝制固定支架中间。圆柱形铝制支架的内外半径分别为 1.6cm 和 2cm，中间包含一个带有空心孔的十字型固定支架用于固定光纤准直器，空心孔的直径为 2.3mm。最后，将两个光纤准直器分别插入十字固定支架的中间，并保证光纤准直器端面与 PP/PET 薄膜的间距为 50μm 左右，再用环氧树脂胶水将其固定即可完成传感头的制作，如图 1-38 所示。

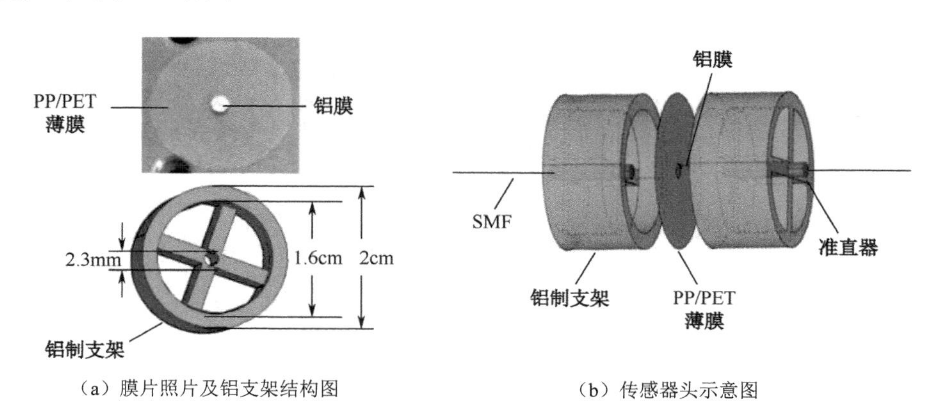

（a）膜片照片及铝支架结构图　　（b）传感器头示意图

图 1-38　膜片照片及铝支架结构图及传感器头示意图

金膜片采用电子束蒸发沉积法制备，厚度和半径分别为 300nm 和 1.25mm。具体的制备方法如下（见图 1-39）：基片选用尺寸为 8mm×8mm、厚度为 0.5mm 的单晶硅。首先，在超声波清洗机中用丙酮溶液和乙醇进行抛光和清洗。残余溶液用去离子水去除。其次，干燥后，将硅放在旋转涂布机上旋转光刻胶（AZ5214）。为了方便随后去除光刻胶，需要降低旋转涂布机的转速，使光刻胶的厚度增加到几微米，转速设置为800r/min。光刻胶需在60℃下加热1分钟固化，最后在涂布机上用电子束蒸发沉积法将金膜片涂在硅基板上，将厚度设置为300nm。极薄的膜片可以大大提高超声波传感器的灵敏度。由于旋转涂布机转速低，光刻胶的厚度不均匀，导致金膜片的棱角不光滑。MI由分别从金膜片和劈裂光纤端面反射的两个光束组成。在隔膜转移到外金属套管后，对于传感臂，抛光8°倾斜的光纤端面，以防止菲涅耳反射。将纤维头插入内径为125μm的陶瓷内套中，然后将内陶瓷卡箍连同纤维尖端插入内径为2.5mm的外陶瓷卡箍中。将嵌套好的外陶瓷卡箍结构插入外金属套筒中，使金膜片作为MI的一个反射面。另一个反射面是参考臂的劈裂纤维端面。从第三个面反射的光带来了额外的噪声，因此，故意破坏第三个面，人为防止菲涅耳反射。为了增强干涉条纹的对比度，劈裂光纤端面反射的光功率应与金膜匹配。

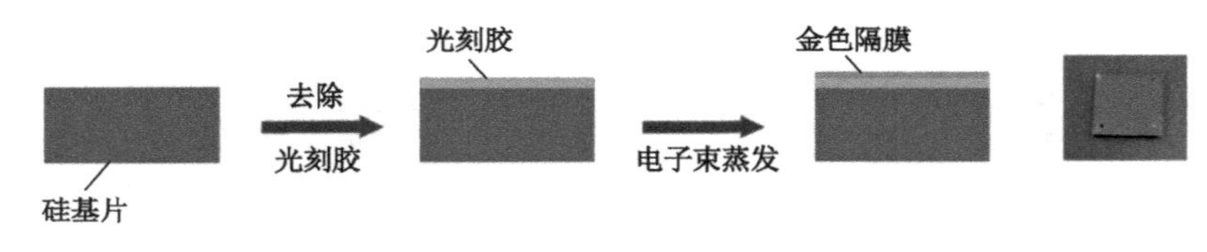

图1-39　金膜片的制备工艺原理图

2. 萨格纳克干涉仪（SI）

2015年，香港理工大学的Ma等通过在SI系统中引入膜片式声敏感探头，发明了一种新型的SI型光纤声传感器，并在空气中实现了1～20kHz的频率响应范围[57]。基于膜片的传感器的制作过程如下：首先，将一块MLG/Ni/MLG薄膜（Graphene Supermarket）压平在两个载玻片之间［见图1-40（a)］。在所述时间内，在内径为2.5mm的空心陶瓷套的外围涂上一层薄薄的紫外线（UV）固化液体凝胶，如图1-40（b）所示。其次，将涂有凝胶的套筒压在MLG/Ni/MLG薄膜上，套筒与MLG/Ni/MLG薄膜之间的液体凝胶在紫外光照射下固化6小时，如图1-40（c）

所示。这个过程确保了 MLG/Ni/MLG 薄膜牢固地黏在套管的末端。再次，将覆盖有 MLG/Ni/MLG 薄膜的空心套筒浸入氯化铁（$FeCl_3$）和盐酸（HCl）混合溶液中，以蚀刻掉 Ni 层，如图 1-40（d）所示。$FeCl_3$ 和 HCl 溶液的结合也有助于去除蚀刻残留物。通过在新鲜的去离子水中冲洗套筒端部，使连接在套筒上的上 MLG 膜与下 MLG 膜分离。然后使用 MLG 薄膜覆盖的套筒在 90℃下干燥约 1 小时，以去除残留的水分。最后，将一根带有标准角度抛光连接器（APC）的 SMF 电缆插入套筒中，并与环氧树脂固定在一起，形成传感器头。APC 由一个外径为 2.5mm 的陶瓷套圈组成，SMF 被固定在套圈的中心孔上。APC 中 SMF 的端面有 8° 的倾斜角度，这减少了来自光纤末端的背侧反射光。空腔的长度（光纤端和膜片之间的间距）是在光学显微镜的监控下通过平移台控制的。覆盖 MLG 薄膜的套筒和成品传感器头的显微镜图像分别如图 1-40（f）和图 1-40（g）所示。

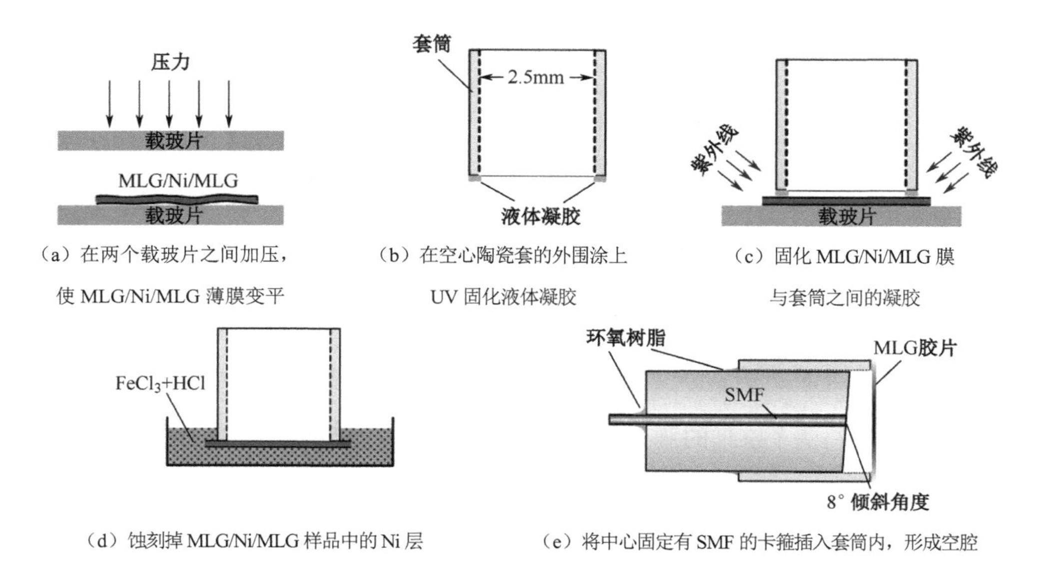

（a）在两个载玻片之间加压，使 MLG/Ni/MLG 薄膜变平

（b）在空心陶瓷套的外围涂上 UV 固化液体凝胶

（c）固化 MLG/Ni/MLG 膜与套筒之间的凝胶

（d）蚀刻掉 MLG/Ni/MLG 样品中的 Ni 层

（e）将中心固定有 SMF 的卡箍插入套筒内，形成空腔

图 1-40　100nm 厚 MLG-横膈膜声学传感器的制作过程

（f）覆盖 MLG 薄膜的套筒

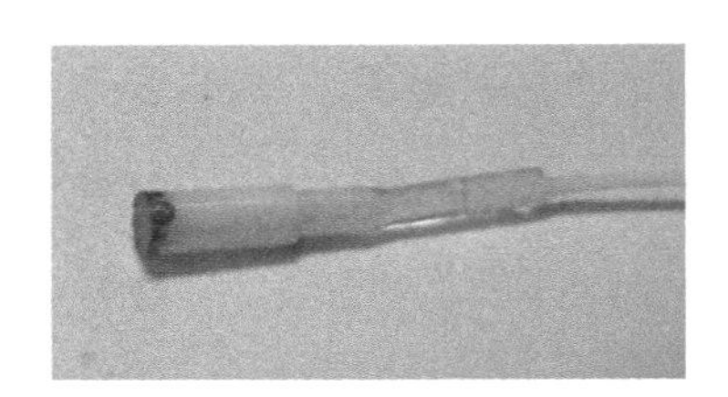

（g）成品传感器头的显微镜图像

图 1-40　100nm 厚 MLG-横膈膜声学传感器的制作过程（续）

3. 马赫曾德尔干涉仪（MZI）

2016 年，Pawar 等在 MZI 中使用了保偏光子晶体光纤，其由两个单模光纤拼接而成，工作波长为 1550nm[61]，如图 1-41（a）所示。为了用拼接法制作马赫曾德尔干涉仪，在两根直径相同的 SMF-28 光纤之间熔合拼接了一段 PM-PCF，如图 1-41（b）所示。熔合损耗为 0.3dB。这是一种直插式马赫曾德尔干涉仪，其参考臂和传感臂的物理长度相同，但由于核与核的有效指数不同，其光程长度也不同。

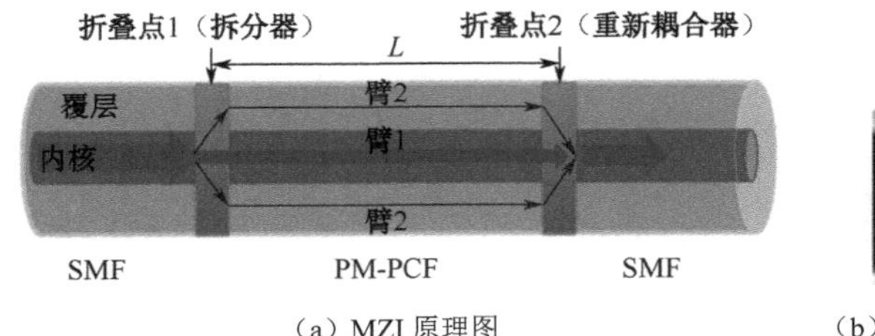

（a）MZI 原理图

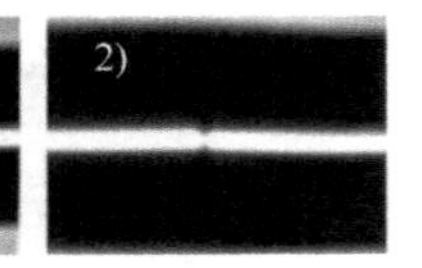

（b）SMF 和 PM-PCF 拼接区界面处的显微图像

图 1-41　马赫曾德尔干涉仪（MII）示意图

2021 年，Dass 等提出了一种新型的光纤水听器系统。它由在传统的单模光纤（SMF）中创建两个锥形的直列 MZI（IMZI）结构组成[62]。SMF 的锥形被一小段未锥形 SMF 分开。为了获得更好的灵敏度，IMZI 被附着在天然橡胶（NR）的圆形膜片上。IMZI 由两个连续的 SMF 锥形部分组成，由 SMF 的非锥形部分隔开。IMZI 的第一个锥体 TPR-1 的长度为 2.47mm，直径为 40.21μm。同样，IMZI 的第二个锥体 TPR-2 的长度和直径分别为 5.31mm 和 22.54μm。图 1-42（a）显示了基于 IMZI 的水听器原理图，该传感器头由连接 NR 膜片的光纤 IMZI 组成，两个锥体的显微图也显示在图 1-42（b）、（c）中。NR 膜片不仅为光纤系统提供了稳定性和机械健壮性，而且还解决了空气和 IMZI 系统之间的阻抗不匹配问题。SMF 锥形是使用完善的火焰刷涂技术制作的。高质量的火焰是由氢和氧适当混合产生的，SMF 在由计算机控制的平移台的帮助下移动。

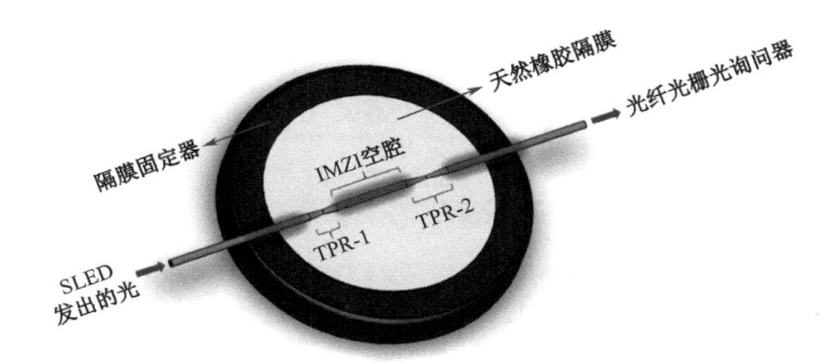

（a）基于 IMZI 的水听器原理图

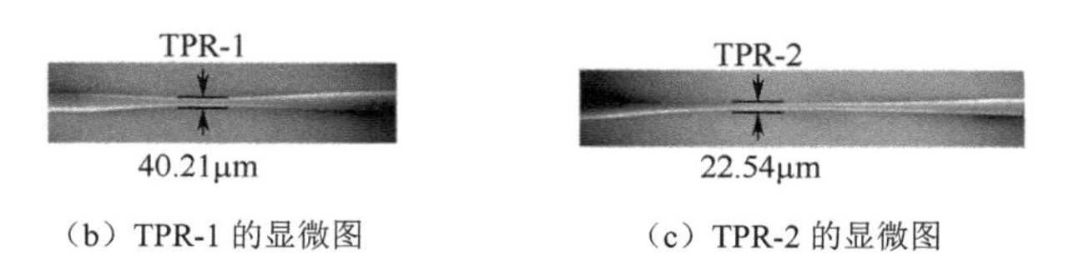

（b）TPR-1 的显微图　　（c）TPR-2 的显微图

图 1-42　基于 IMZI 的水听器原理图

4. 法布里珀罗干涉仪（FPI）

（1）本征型 FPI 光纤声传感器制备

2014 年，暨南大学的王岫鑫发明一种基于微纳光纤光栅 FPI 型声传感器[104]。其中声敏感元件微纳光纤光栅 FPI 的制作方法为：先采用熔融拉锥多模光纤的方法制作微纳光纤，选用损耗低的微纳光纤作为刻写光纤，然后在微纳光纤均匀区的一端刻写出一个 FBG，移动一定距离后再刻写另一个 FBG，两个 FBG 之间空置的微纳光纤构成了 FPI 的腔体，如图 1-43（a）所示。由于微纳光纤直径的微小变化可以影响有效折射率的变化，所以为了保证谐振现象的产生，刻写全程采用辅助光保证两个 FBG 在同一直径上，即整个 FPI 位于微纳光纤均匀区域内。与传统光纤法珀腔结构的耗散型短腔相比，用两个 FBG 作为反射镜构成的法珀腔可以采用很长的腔体获得极高的灵敏度。由图 1-43（b）所示的微纳光纤光栅 FPI 的透射谱可以得到 FPI 的品质因数约为 1.03×10^5。同时，与传统的熔接方式制作的光纤法珀腔相比，这种在光纤中直接刻制光栅的方法可以提供更高的机械强度。

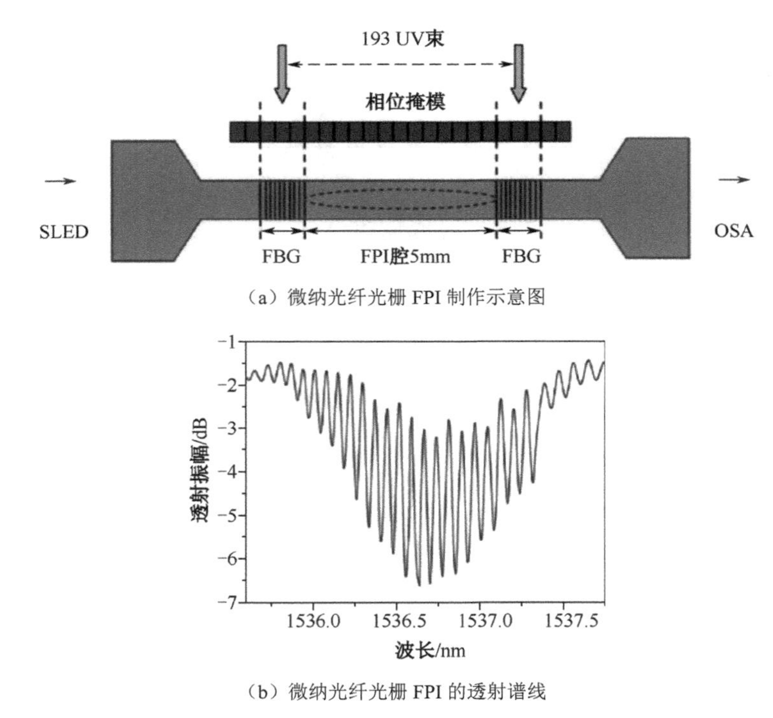

（a）微纳光纤光栅 FPI 制作示意图

（b）微纳光纤光栅 FPI 的透射谱线

图 1-43　微纳光纤光栅 FPI 制作示意图及透射谱线

2018 年，西北大学的 Shao 等提出的基于微悬芯光纤的超声传感器的声敏感元件是超细的悬芯结构[68]。超声传感器的制备过程为：先使用光纤熔接机熔接单模光纤 SMF 和柚子型光纤 PCF，然后将 SMF-PCF 光纤结构的柚子型光纤 PCF 部分浸于 49%的氢氟酸中腐蚀，得到尺寸被大大减小了几微米的悬芯光纤，如图 1-44

（a）、（b）、（c）所示，所以对超声波较为敏感。可以看到，悬芯光纤自身构成 FPI，两个反射面分别为光纤熔接点（R1）和光纤端面（R2），因此镜面反射率低，FPI 中进行的是双光束干涉，干涉光谱如图 1-44（d）所示，可以得到该 FPI 的品质因数约为 773。该光纤声传感器制备过程操作简单，但 FPI 的腔长需要手动调整，不具备一致性和批量化的条件，而且只能得到低精细度的 FPI。

（a）柚子型光纤 PCF 横截面图

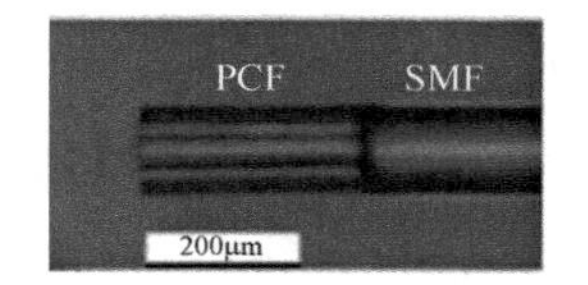

（b）SMF-PCF 光纤熔接后显微图

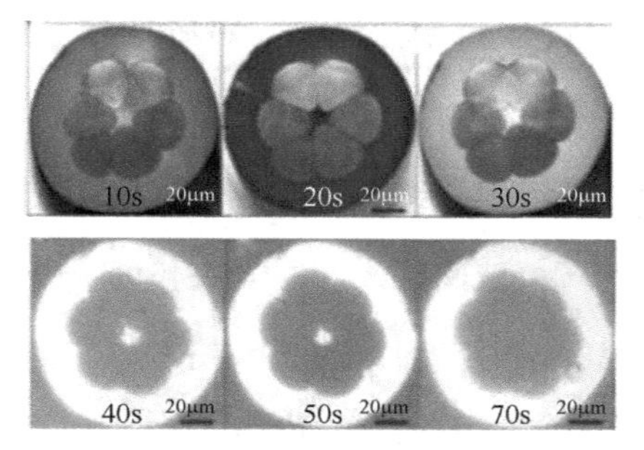

（c）SMF-PCF 光纤经氢氟酸腐蚀过程图

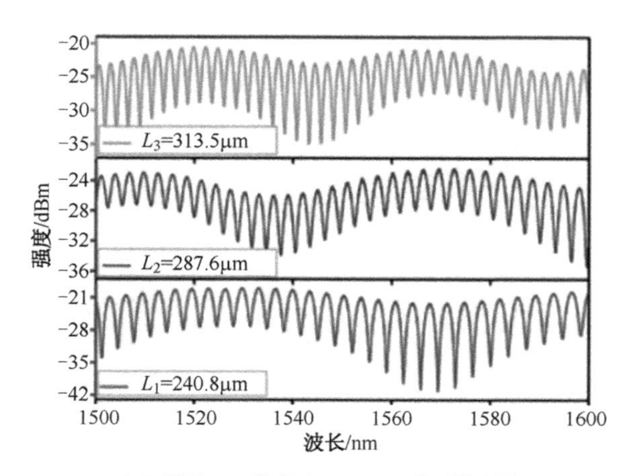

（d）不同 PCF 长度时 SMF-PCF 的干涉光谱

图 1-44　超声传感器的制备过程

（2）非本征型 FPI 光纤声传感器制备

2013 年，斯坦福大学的 Jo 发明了基于光子晶体薄膜的小型化光纤声传感器[82]。光子晶体薄膜的制备在一片 4 英寸（1 英寸=2.54 厘米）的 SOI 上进行。第一步，用反应离子刻蚀技术刻蚀孔洞阵列，在制造过程中，在蚀刻的结构上覆盖一层氧化膜以进行保护。第二步，覆盖一层氮化膜以防止薄膜的膨胀（氮化膜的拉应力补偿了氧化膜的压应力）。第三步，在四甲基氢氧化铵中对 SOI 的背面进行湿法腐蚀，然后将晶片切成 5mm×5mm 的小片，每片都包含一个光子晶体（Photonic-Crystal，PC）薄膜。第四步，通过在 6∶1 缓冲氧化物腐蚀剂（BOE）中去除氧化膜，PC 膜被单独释放，如图 1-45（a）所示。PC 由 450nm 厚的硅薄膜上圆形孔的方形图案组成。方形薄膜之所以被选择，是因为在等面积情况下，方形薄膜比圆形薄膜偏转得多，因此具有更高的灵敏度。得到光子晶体薄膜后，利用单模光纤、石英玻璃管、硅间隔块和铝外壳封装得到光纤声传感器。该 FPI 中光子晶体薄膜的反射率通常在 90%左右，作为另一个反射面的光纤端面通过沉积金膜或多层介质膜可以增大反射率，反射率可达到 90%以上，FPI 反射谱如图 1-45（b）所示，可得到 FPI 的品质因数约为 442。其中，光子晶体薄膜孔中轻微的椭圆度、膜上的灰尘和光纤端面反射镜的角度不对准会影响 FPI 的品质因数。

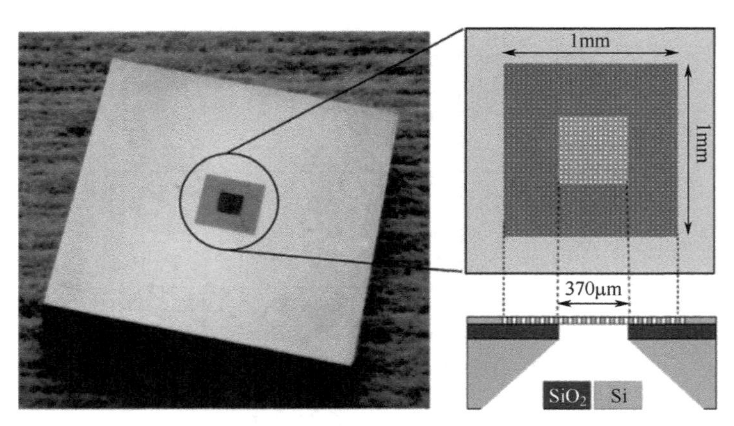

（a）光子晶体薄膜组装照片（悬挂的光子晶体薄膜是最中间的正方形）和示意图（顶部和横截面视图）

图 1-45　光子晶体薄膜组装照片示意图及 FPI 反射谱

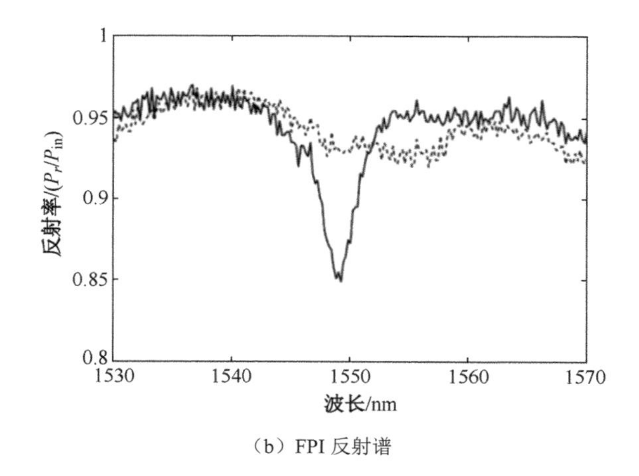

（b）FPI 反射谱

图 1-45　光子晶体薄膜组装照片示意图及 FPI 反射谱（续）

2018 年，哈尔滨工业大学的 Liu 等发明了一种基于波纹银膜片的 FPI 型光纤声传感器[91]。首先，基于波纹银膜片 FPI 型光纤传声器的加工过程如图 1-46 所示，先在硅基底上匀胶，然后进行不完全曝光和显影，将波纹结构转移到光刻胶上。其次，在光刻胶表面沉积银膜，在石英套筒端面涂环氧胶将其贴在银膜片表面，并进行热固化。固化后，将该结构放入丙酮溶液中剥离即可得到银膜片。最后，将锆套圈包围的研抛单模光纤插入管中，用环氧树脂密封形成光纤声传感器。可以通过光谱分析仪和五轴精密对准器对法珀腔的长度进行控制。这里主要是利用波纹结构释放膜片的初始应力，提高了传感器的灵敏度，但降低了膜片的共振频率，使得光纤声传感器频率响应平坦度降低。由光纤声传感器的反射谱可以得到其品质因数为 773.2，主要是因为两个反射面的反射率不到 4%。

2019 年，华中科技大学的 Fu 等发明一种硅微机械加工 EFPI 光纤声传感器[33]，选用的薄膜材料为氮化硅。氮化硅声敏感膜片的流片过程：先利用低压化学气相沉积在 400μm 厚的硅片表面沉积一层厚度为 1μm 的氮化硅层，再沉积一层厚度为 500nm 的钛，沉积钛的目的是增强反射率。完成薄膜制备后，利用深反应离子刻蚀在硅片背面，刻蚀出一个直径 2.5mm、深度 350μm 的卡槽，用于后续固定光纤插芯。随后，在卡槽的正中心继续用 DRIE 技术将硅基底全部刻蚀，刻蚀直径为 1mm，此时氮化硅作为 DRIE 的截止层，因此氮化硅-钛复合层也被称为可以振动的薄膜，属于法珀腔体结构。然后分别将中空圆柱形陶瓷套筒、D 型陶瓷插芯和单模光纤依次插入卡槽中用环氧树脂胶固定，完成传感器的组装。D 型陶瓷插芯的作用是形成开腔通气孔结构来平衡腔体内外的压力差。经过测试可以得到氮化硅-钛复合膜片的反射率约为 55%。图 1-47（d）所示是传感器的空间频谱和反射光谱，由反射光谱可得到传感器的品质因数为 1566.9。

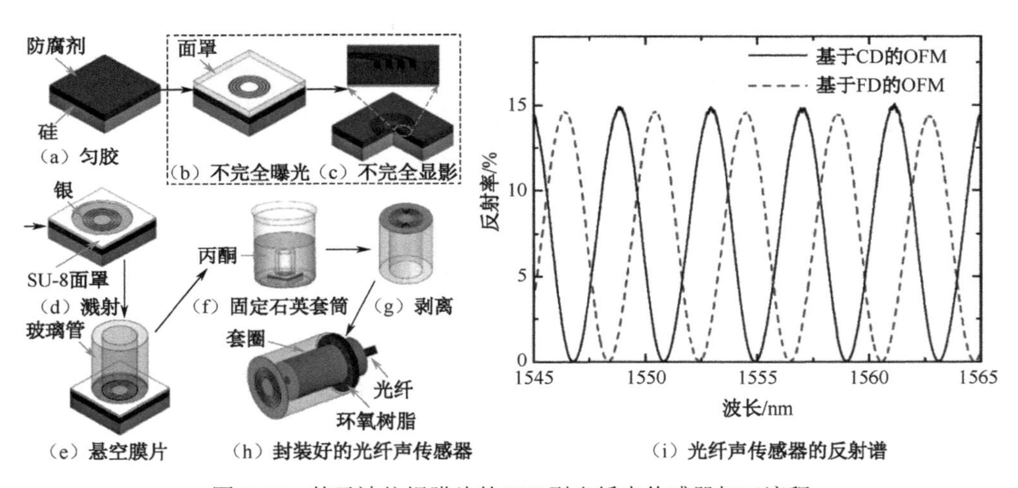

图 1-46　基于波纹银膜片的 FPI 型光纤声传感器加工流程

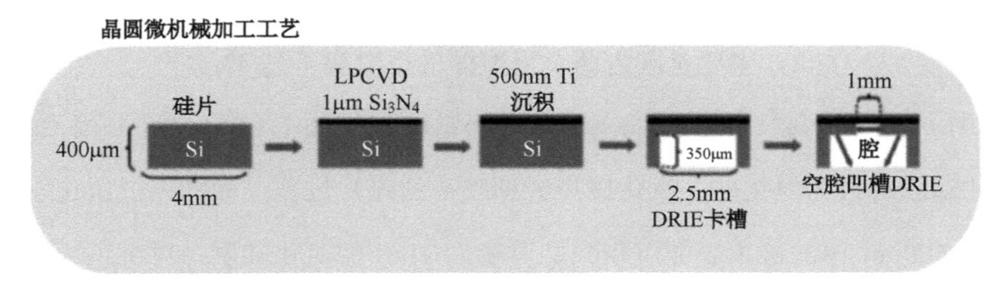

（a）膜片微加工

图 1-47　传感器制造工艺示意图

（b）传感器组装

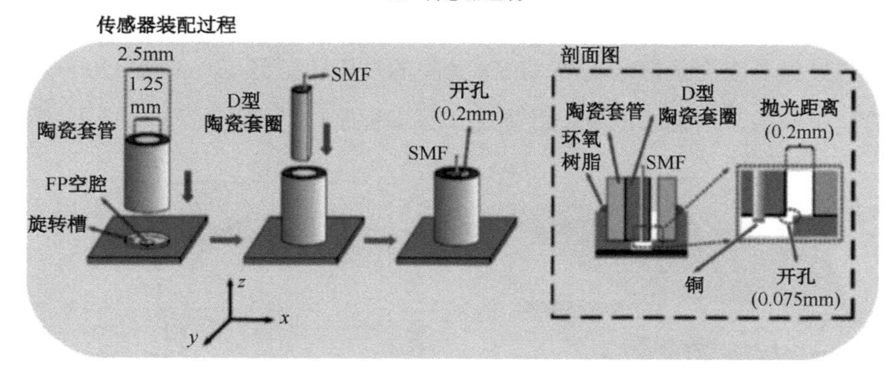

（c）传感器实物图

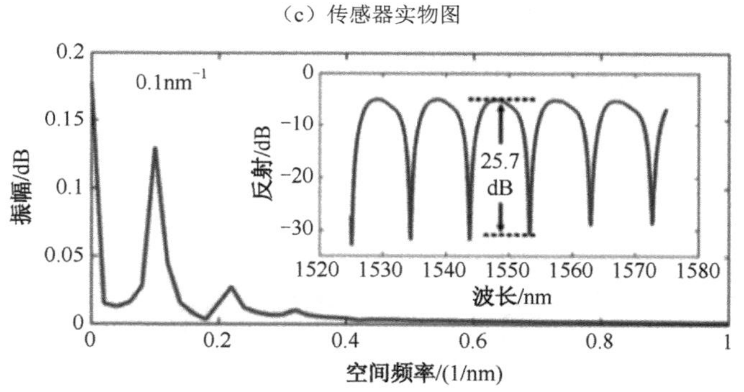

（d）传感器的空间频谱和反射光谱

图 1-47 传感器制造工艺示意图（续）

1.3.3 微谐振腔的 MEMS 制备工艺

1. 微环谐振腔

2014 年，密歇根大学的 Zhang 等发明了一种具有前所未有的宽频带和高灵敏度的基于印迹聚合物光学微环的超声波探测器[105]。微环谐振腔（如图 1-48 所示）

的制备首先采用电子束光刻法制备了硅模具，确定了微环和母线波导图。电子束阻光剂为聚甲基丙烯酸甲酯（PMMA）。在抗蚀剂显像后，采用热回流工艺减少PMMA 中的缺陷，并硬化其边缘。在等离子耦合反应离子刻蚀（RIE）中，利用PMMA 作为掩模将图案转移到硅上。最后用丙酮去除 PMMA，完成模具的制作。可以将该硅模具应用于聚苯乙烯（PS）薄膜的热压印工艺（Nanonex 2000）。印模工艺简化了制造，增加了产量，并提高了再现性制作效率。

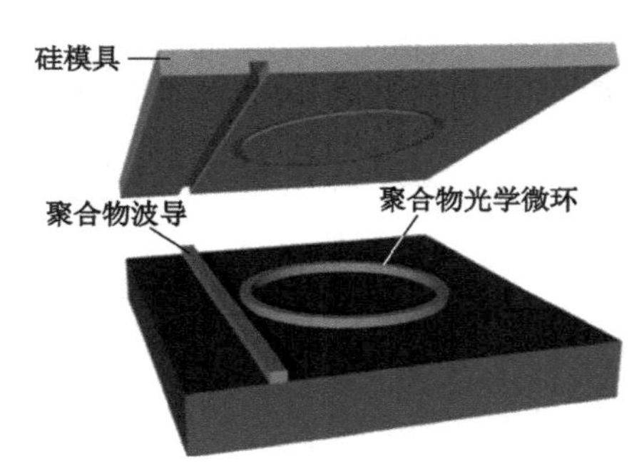

（a）纳米印迹光刻法制备聚合物环示意图

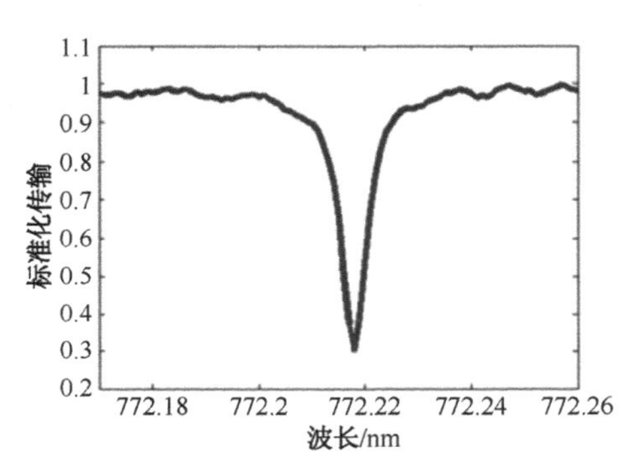

（b）聚合物微环谐振腔的光学透射谱，共振 FWHM 约为 6pm

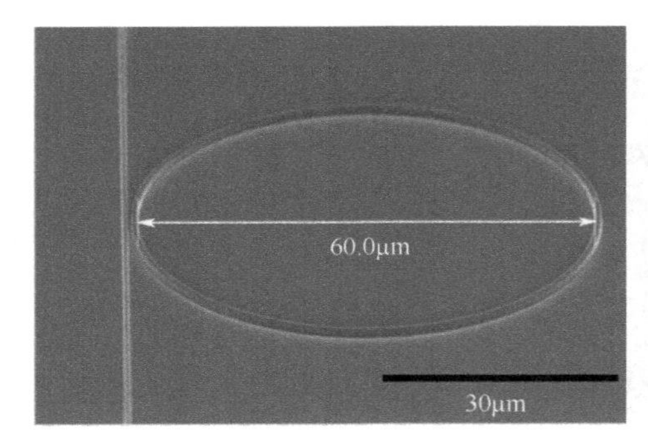

（c）直径为 60μm 微环的角度扫描电子显微镜（SEM）

（d）高度为 1.4μm 的环侧视图 SEM 图

图 1-48　微环谐振腔

2021 年，中北大学的陈晨设计并制备了半掩埋光波导谐振腔，基于谐振腔倏逝场激发的光声耦合传感理论验证了声传感效应[106]。半掩埋光波导谐振腔是在硅基底或者二氧化硅基底上进行微纳加工形成的微纳器件，其最小尺寸为微米量级，器件结构尺寸可以为毫米或厘米量级。半掩埋光波导谐振腔的加工主要借助于高精度掩膜板，以保证设计尺寸与制作尺寸的误差在可接受的范围内。具体的制作工艺流程图如图 1-49 所示。

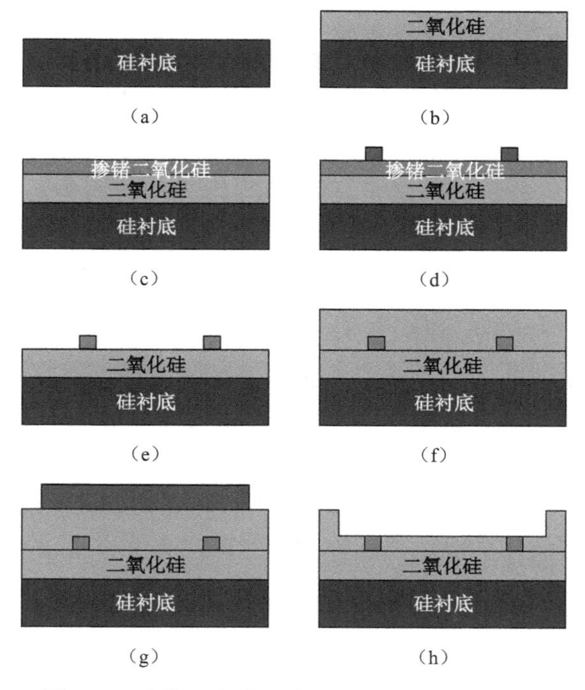

图 1-49 半掩埋光波导谐振腔的制作工艺流程图

（a）硅衬底：准备 6 英寸（1 英寸=2.54 厘米）硅衬底晶圆。

（b）生长二氧化硅：对硅衬底进行清洗，然后在硅衬底上生长一层厚度为 15μm 的二氧化硅。

（c）生长掺锗二氧化硅：在二氧化硅层上生长一层 6.5μm 厚的掺锗二氧化硅，生长完成后对整个结构进行高温退火，温度为 900～1100℃，时间为 3～5 小时。

（d）掩膜图形转移：使用带有芯层图形的掩膜板在掺锗二氧化硅表面形成掩膜层，然后在掩膜层上涂覆光刻胶，采用光刻工艺将掩膜板上的几何形状转移到光刻胶上。

（e）刻蚀：采用反应离子刻蚀法刻蚀掩膜层，然后去除光刻胶，再采用反应离子刻蚀法刻蚀掺锗二氧化硅，构建芯层。

（f）生长二氧化硅：使用等离子体增强化学气相沉积法生长上包层，然后进行高温回流处理。

（g）掩膜图形转移：使用带有微槽图形的套刻版在掺锗二氧化硅表面形成掩膜层，然后在掩膜层上涂覆光刻胶，采用光刻工艺将掩膜板上的几何形状转移到光刻胶上。

（h）刻槽：使用反应离子刻蚀法刻蚀掩膜层，然后除去光刻胶，再使用反应离子刻蚀法刻蚀二氧化硅，构建微槽。

由于本次制作采用 6 英寸晶圆，而设计的半掩埋光波导谐振腔器件尺寸相比晶圆尺寸较小，因此在一张晶圆上可以制备多个半掩埋光波导谐振腔结构，选择本次设计耦合间距附近的值作为其他波导腔的耦合间距，进行多个波导腔的制作。整个片子制作完成以后进行切割即可成为一个个单独的半掩埋光波导谐振腔腔体。

2. 微球谐振腔

2019 年，西安交通大学的 Han 等提出一种基于球形微腔的无膜斐索干涉的光声传感器[107]，其制备过程如图 1-50 所示。微球谐振腔是通过在毛细管末端沉积一液滴的光学透明可固化液体聚合物（来自光子清洁技术有限责任公司的无色第一接触聚合物）来构建的。液滴在表面张力和重力作用下稳定并形成光滑的微球，然后通过毛细管将一端被平滑切割的标准单模光纤（康宁 SMF-28）插入微球中。

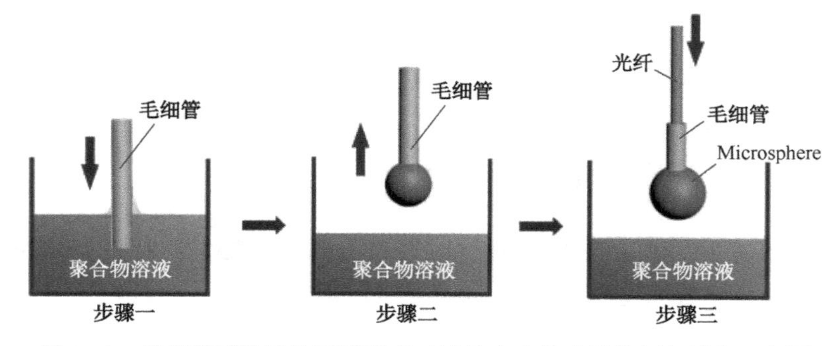

图 1-50　基于球形微腔的无膜菲索干涉的光声传感器的制备过程示意图

3. 法布里珀罗谐振腔（法珀腔）

2017 年，Guggenheim 等介绍了一种基于新型平凹聚合物微法珀腔的通用光学超声传感器[29]。该传感器结构为由两个高反射镜形成的固体平凹聚合物微法珀腔（见图 1-51）。该微腔嵌入相同聚合物的封装层中，从而创建一个声学均匀的平面结构。腔体本身是通过在介质镜涂层聚合物基板上沉积一液滴的光学透明的紫外线固化液体聚合物来构建的。液滴在表面张力下稳定形成光滑的球形帽，随后在紫外线下固化。然后涂敷第二介电镜涂层，并做进一步固化以创建封装层。

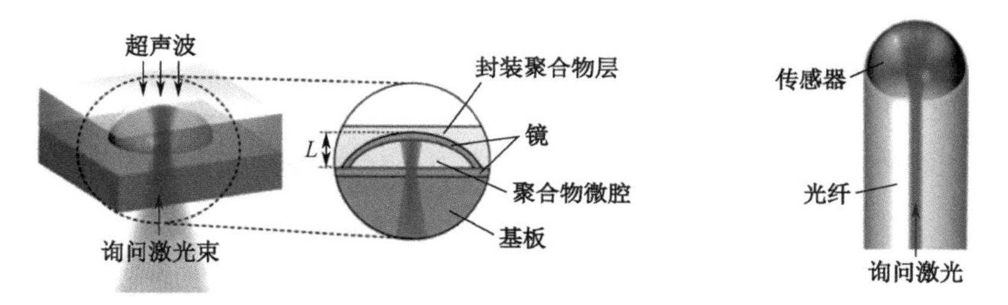

（a）基于平凹聚合物微法珀腔光学超声传感的原理和制备过程　（b）光学超声微法珀腔传感器结构[29]

图 1-51　基于平凹聚合物微法珀腔的光学超声传感器示意图

2022 年，Han 等又发明了一个基于固体平凹微腔的声传感器件。在单模光纤的末端形成微腔，从而形成微型菲索干涉仪[108]。而且麦克风的端面是一个凹面，可以帮助光线重新聚焦到光纤芯中。其制备过程如图 1-52 所示。光纤末端的微腔是通过将光学透明熔融态玻璃（中国连云港宏鼎石英有限公司）的微小液滴沉积在单模的端面上而形成的。然后，熔融玻璃在纤维的顶部形成一个独立的液体球形帽。在此条件下，基于纤维表面和玻璃液滴的能量特性，接触角是恒定的。熔融玻璃在表面张力和重力作用下稳定形成光滑的球形盖，随后在熔融玻璃冷却后凝结。

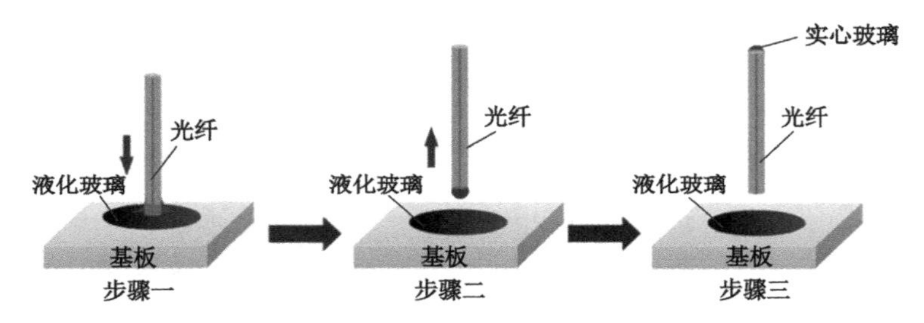

图 1-52　平凹干涉式微法珀腔的制备过程

1.4 光学声传感器的发展趋势

通过对比分析前面所提到的两大类光纤声传感器的基本性能参数预测光学声传感器的发展趋势。如图 1-53 所示，虚线右上方区域是法珀腔型光学声传感器，左下方区域为其他类型光学声传感器，其中纵坐标表示灵敏度，横坐标表示频率响应，并均取对数坐标；由于理想的光学声传感器发展方向为高灵敏度和宽频率响应，即图中箭头方向，因此由图可知法珀腔型光学声传感器具有很好的声探测性能。

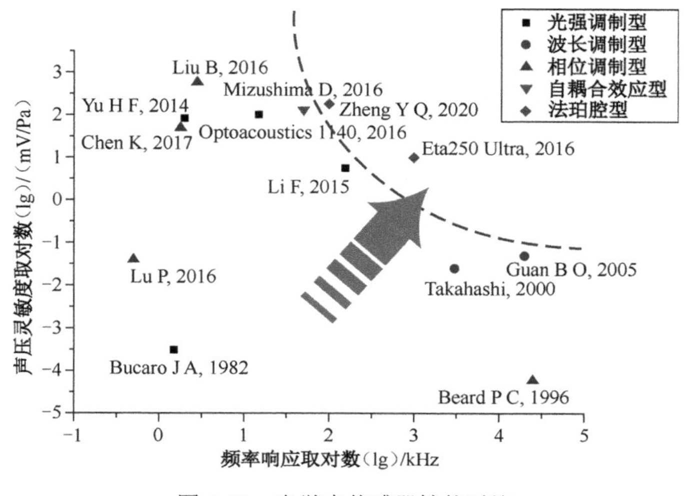

图 1-53　光学声传感器性能对比

间接耦合型光学声传感器中的强度调制型和相位调制型光纤声传感器的灵敏度相对较高，但是其频率响应平坦范围和动态范围较小。这两种高灵敏度光纤声传感器均是使用薄膜为声耦合材料，膜越薄则灵敏度越高，但是膜也容易破裂而导致动态范围减小。此外，频率响应受膜的材质、尺寸、厚度和纹路等限制，目前只能在窄带宽下实现高灵敏度和大动态范围，改进性能的方式只能采用新材料和新工艺，但是声耦合材料自身的限制导致传感性能提升有限。波长调制型光纤声传感器容易实现大带宽声探测，不过其通过光纤材料与声场耦合，大大降低了光纤声传感器的灵敏度和频率响应平坦度，同时环境温度变化和低频振动将引起光谱漂移导致传感器信噪比减小，其主要用于光纤水听器领域。若要提高波长调制型光纤声传感器的灵敏度，就必须改进光栅结构或改变制作光栅的材料。无论如何，光纤材料与声场存在阻抗匹配不良问题，难以实现高灵敏度声探测。直接耦合型光纤声传感器中的自耦合效应型和法珀腔型光纤声传感器不仅可以实现高灵敏度，还可以实现宽频率响应平坦范围、大动态范围声探测。这两种光纤声传感器提升灵敏度的方式均是增加光与声场直接耦合的作用距离。其中，自耦合效应型光纤声传感器只能通过增大传感器尺寸实现，不利于微型化声传感；法珀腔型光纤声传感器可通过提高镜面反射率实现更好的声传感性能，因此还可以实现毫米级微型化声传感。

另外，目前大部分基于 MEMS 工艺的光学声传感器系统中，只有声敏感元件本身为 MEMS 集成器件，其余的组成部分均未实现集成，在成本、尺寸和功耗上极大地削弱了 MEMS 光学器件微型化带来的优势。因此，系统层面的集成对 MEMS 光学声传感器的实用化和普及化具有重要意义。目前，光纤精密拉丝、电子束蒸镀工艺、飞秒激光微加工、半导体光刻工艺和晶圆键合等 MEMS 先进工艺技术已逐渐发展成熟，MEMS 光学声传感器可与硅基光电子集成技术相结合，实现系统片上集成，在未来便携式声传感等领域具有广泛的应用前景。

MEMS 法珀腔光学声传感机理

声压致空气折射率改变的无振膜纯光学声敏感机理是研究 MEMS 法珀腔光学声传感器的理论基础。本章从声波探测特性出发，从理论公式推导和 COMSOL 多物理场建模仿真两个方面分析验证了声波扰动引起法珀空气腔内空气折射率变化，从而导致法珀腔谐振频率发生偏移的声敏感机理，对于传感器的后续研究具有非常重要的指导意义。

2.1 声信号传播基本特性

我们生活在声的世界中，声是由声源振动后通过周围介质向四周传播时所形成的。振动的物体使其周围的空气层质点交替地发生压缩和膨胀，这种变化由近及远，从而使受激发物体的振动以一定的速度传播开去，这种振动能量的传递，就是声波传播的本质。从物理学来说，声波是一种机械波。声波可以在一切弹性介质中传播，声波的传播方向与质点振动方向一致时称为纵波，声波的传播方向与质点振动方向垂直时称为横波。空气中和水中的声波都属于纵波。

2.1.1 声波的物理特性

1. 声速

声音的传播需要一定的时间，传播的快慢用声速表示。声速的定义为每秒钟声音传播的距离，单位为m/s。空气中的声速是340m/s，水中的声速是1450m/s，而铜中的声速则为 5000m/s。由此可得，声音在液体和固体中的传播速度比在空气中要快得多。另外，声速还与温度有关。

2. 频率

声音的频率简称音频。一个振动的物体，每秒钟振动的次数为该物体的振动频率，频率的单位为Hz。一般来说，人类可以听到的声波振动频率在20～20000Hz。振动频率在 20Hz 以下的声波称为次声波，振动频率在 20000Hz 以上的声波称为超声波，在这两个频率范围的声音人耳是听不到的。能产生次声波的声源有火山爆发、地震、风暴、核爆炸和导弹发射等。次声波有极大的破坏力，能使机械设备破裂，建筑物遭到破坏，等等。有些动物可以听到部分次声波。蝙蝠、海豚和鲸鱼能发出超声波。另外，通电的晶体可以高频振荡，产生超声波。声音的频率范围示意图如图 2-1 所示。

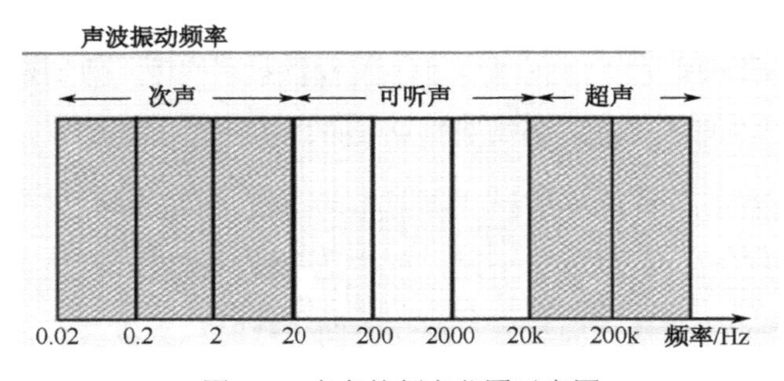

图 2-1 声音的频率范围示意图

3. 声压和声压级

设介质中的体积元受到扰动后，压强从静压 P_0 变成 P，则压强的变化量称为声压，用 p 表示，$p = P - P_0$。声压的单位是 Pa（帕），$1\text{Pa}=1\text{N/m}^2$。1 大气压=10^5Pa，所以声压与大气压相比是极其微弱的。由于声压随时间变化呈现简谐规律，因此通常测得的是有效声压，其定义为一定时间间隔内瞬时声压的均方根，表示为 $P_{\text{eff}} = \sqrt{\frac{1}{T}\int_0^T p^2 \text{d}t}$。声学中，也可用声压级（SPL）表示声压的大小，声压级与声压的关系式如式（2-1）所示。图 2-2 展示了不同环境的声压和声压级大小。

$$\text{SPL} = 20\lg\left(\frac{p_{\text{eff}}}{p_{\text{ref}}}\right)\text{dB}，p_{\text{ref}} = 2\times10^{-5}\,\text{Pa} \tag{2-1}$$

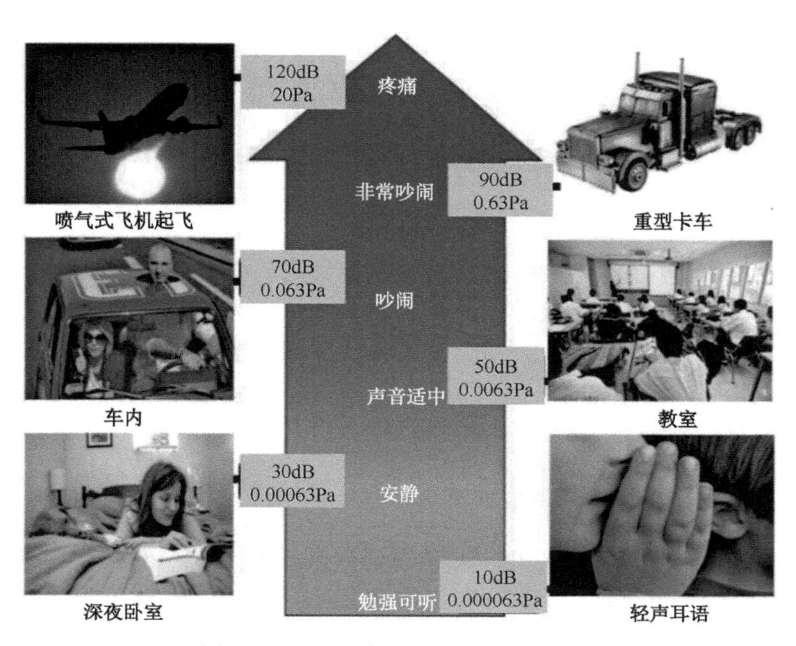

图 2-2　不同环境的声压和声压级大小

4. 声强和声强级

声功率是指单位时间内声源向外辐射的总的声能量，单位为瓦（W）。声强是声音强度的简称，代表声音能量的多少。声学中，声强是指单位时间内，声音通过垂直于声音传播方向的单位面积上的声能量，声强用 I 表示，单位是 $\mathrm{W/m^2}$。同声压级一样，为了简化表示，通常用声强级来表示声强。某一处的声强级，是指该处的声强与参考声强的比值取常用对数的值再乘以 10 的值，单位为分贝，符号为 dB，如式（2-2）所示。

$$L_I = 10\lg\left(\frac{I}{I_{\mathrm{ref}}}\right)\mathrm{dB},\ I_{\mathrm{ref}} = 10^{-12}\,\mathrm{W/m^2} \tag{2-2}$$

2.1.2 声波探测的重要评价指标

声波属于一种动态物理量，无法直接对其进行测量，声传感器是将声信号转换为可直接调制的静态参量以实现声波的探测。声传感器探测声信号的性能好坏需要通过一些重要评价指标来判断，如声压灵敏度、频率响应、最小可探测声压、动态范围、总谐波失真等。

1. 声压灵敏度

声压灵敏度反映了声传感器对外界声压的敏感性，表示为声传感器敏感声压后的输出电压峰峰值与实际作用于声传感器的声压的比值，如式（2-3）所示。

$$S = \frac{V_{\mathrm{out(pp)}}}{P} \tag{2-3}$$

式中，$V_{\mathrm{out(pp)}}$ 是声传感器敏感声压后的输出电压峰峰值；P 是声传感器接收到的声压。常用的声压灵敏度的单位是 $\mathrm{mV/Pa}$。

2. 频率响应

频率响应是声传感器输出响应幅值与频率的关系，是指在恒定声压作用下，声波传感器的输出响应随不同频率声音信号的幅值变化。频率响应曲线越平坦，声传感器的带宽越大，即表示声传感器声探测的线性度好，并且对声信号的还原度高。

3. 最小可探测声压

最小可探测声压表征了声传感器的声波探测极限，即声传感器所能探测到最小声压的阈值，如式（2-4）所示[109]。

$$\mathrm{MDP} = \frac{P_{\mathrm{in}}}{10^{\mathrm{SNR}/20} \times \sqrt{\Delta f}} \tag{2-4}$$

式中，P_{in} 是输入声压；SNR 是信噪比；Δf 是频率分辨率带宽。

4. 动态范围

动态范围为输入声压与输出声信号保持线性关系的区间范围，动态范围的下限由最小可探测声压决定，其上限受声信号解调系统限制。

5. 总谐波失真

总谐波失真（THD）是描述非线性引起输出信号变化的重要参数，总谐波失真值越小，则表示探测的声信号越纯净，如式（2-5）所示[73]。

$$\mathrm{THD} = \frac{\sum_{n=2}^{\infty} P_n}{P_1} \times 100\% \tag{2-5}$$

式中，P_1 是声传感器的输出信号中对应于输入声信号频率谐波分量的响应幅值；

$P_n(n \geqslant 2)$是声传感器的输出信号中第n个谐波分量的幅值，即在输入声信号频率的n倍频处的幅值。

2.2 MEMS法珀腔声传感机理

2.2.1 声压致空气折射率改变理论分析

空气的折射率是指光在真空中的传播速度和光在空气中的传播速度之比，是表征空气光学性质的重要参数。国际上为了方便折射率的计算和分析，引入折射度的概念，在数值上，折射度=折射率−1，数量级为ppm，即10^{-6}。

根据Rüeger教授的总结和研究[110]，可以得到在指定标准大气环境为$T=273.15\text{K}$、大气压强$p=1013.25\text{hPa}$、CO_2含量$x=0.0375\%$、水汽压$e=0.0\text{hPa}$时，空气折射度如式（2-6）所示。

$$N_{\text{sph}}=(n_{\text{sph}}-1)\times 10^6=287.6155+\frac{1.62887}{\lambda^2}+\frac{0.01360}{\lambda^4} \tag{2-6}$$

式中，λ是光波长，单位是μm；n_{sph}是标准大气环境的空气折射率。

因此，实际环境的空气折射度如式（2-7）所示。

$$N_{\text{ph}}=(n_{\text{ph}}-1)\times 10^6=\frac{273.15}{101325}\times\frac{p}{T}\times N_{\text{sph}}-11.27\frac{e}{T} \tag{2-7}$$

式中，n_{ph}是实际环境的空气折射率；p是实际环境的压力，单位为hPa；T是实际环境的温度，单位为K；e是实际环境的水汽压，单位为hPa。

由于实际环境中二氧化碳和相对湿度对折射率的影响可以忽略，因此可将式（2-7）简化为式（2-8）。

$$N_{\text{ph}}=(n_{\text{ph}}-1)\times 10^6=\frac{273.15}{101325}\times\frac{p}{T}\times N_{\text{sph}} \tag{2-8}$$

式中，p 是实际环境的压力，单位为 Pa 。

事实上，在非常快的声传播过程中，热交换可以被忽略，所以，声信号引起的空气折射率改变为式（2-9）。

$$\Delta n_{\text{ph}} = \frac{273.15}{1013.25} \times \frac{\Delta p}{T} \times N_{\text{sph}} \times 10^{-6} \tag{2-9}$$

因此，可以看出，在光波长固定的条件下，空气折射率变化与声压的改变量之间是线性关系，可以计算得到在常温 20℃下，1Pa 声压引起的空气折射率变化为 2.65×10^{-9} 。

利用式（2-8），仿真不同声压下的法珀腔透射谐振谱线，如图 2-3 所示，从图中可以看出随着声压的增大，法珀腔透射谐振谱线发生漂移。

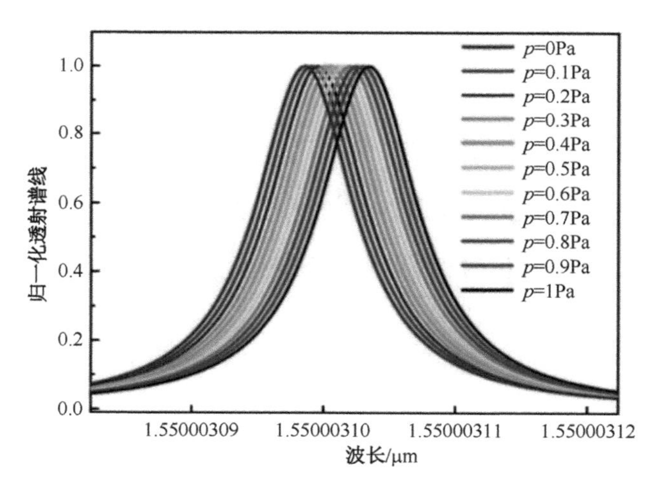

图 2-3　不同声压对法珀腔透射谐振谱线的影响

依据上面的仿真参数，绘制如图 2-4 所示的声压灵敏度仿真曲线，横坐标为声压大小，纵坐标为不同声压引起的谐振波长偏移量，从图中可以看出，声压的变化量与由声压变化量引起的谐振波长偏移量成线性关系，斜率为 41.1822×10^{-5}nm/Pa，即传感器的声压灵敏度为 41.1822×10^{-5}nm/Pa。

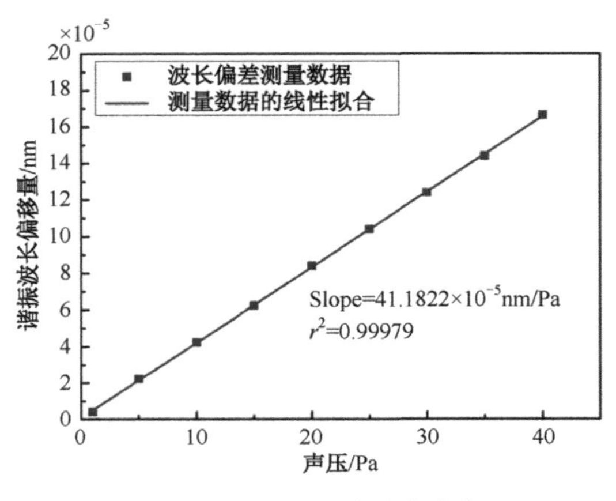

图 2-4 声压灵敏度仿真曲线

2.2.2 法珀腔原理和特征参数

1. 多光束干涉原理

多光束干涉是法珀腔的理论基础[111]。如图 2-5 所示，光束在平行平板内不断地反射和折射，这种多次反射和折射使反射光和透射光在透镜焦平面上产生多光束干涉效应。

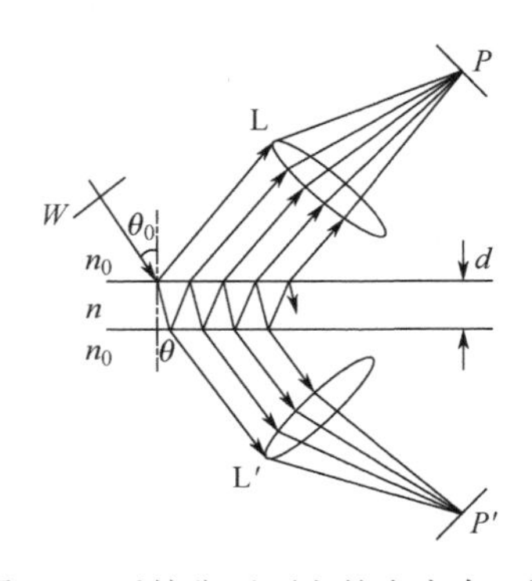

图 2-5 透镜焦平面上的多光束干涉

透镜焦平面上任意 P 点对应相互平行的多光束的相干叠加，设多光束的出射角为θ_0，在平板内的入射角为θ，则相邻两束光的光程差表示为式（2-10）。

$$\varDelta = 2nd\cos\theta \tag{2-10}$$

对应的相位差表示为式（2-11）。

$$\varphi = \frac{2\pi\varDelta}{\lambda} = \frac{4\pi}{\lambda}nd\cos\theta \tag{2-11}$$

假设E_{0i}为入射光电矢量的复振幅，若光从周围介质射入平板时的反射系数为r，透射系数为t，光从平板射出时的反射系数为r'，透射系数为t'，则从平板反射到焦平面P点的合成光矢量表示为式（2-12）。

$$E_{0r} = \frac{[1-\exp(i\varphi)]\sqrt{R}}{1-R\exp(i\varphi)}E_{0i} \tag{2-12}$$

其中，

$$\begin{aligned} r^2 &= r'^2 = R \\ tt' &= 1-R = T \end{aligned} \tag{2-13}$$

则P点的反射光光强可表示为式（2-14）。

$$I_r = \frac{F\sin^2\dfrac{\varphi}{2}}{1+F\sin^2\dfrac{\varphi}{2}}I_i \tag{2-14}$$

式中，$F = \dfrac{4R}{(1-R)^2}$。

类似地，P'点的透射光光强可表示为式（2-15）。

$$I_t = \frac{T^2}{(1-R)^2+4R\sin^2\dfrac{\varphi}{2}}I_i \tag{2-15}$$

利用无吸收时$T=1-R$，可将式（2-15）简化为式（2-16）。

$$I_t = \frac{1}{1+F\sin^2\dfrac{\varphi}{2}}I_i \tag{2-16}$$

多光束干涉反射光和透射光的强度公式通常称为艾里（Airy）公式。

依据式（2-16），用 MTALAB 仿真不同反射率下透射光光强的分布，如图 2-6

所示，其中横坐标是相邻两束透射光之间的相位差，纵坐标是透射相对光强。由图 2-6 可知，相位差为 2π 的整数倍的光的透射光强最大，理论上该频率的光因遭受的损耗较少而透过法珀腔。而其他频率的光，因为经过法珀腔时光波能量遭受很大的损耗，因此不能透过。而且光强分布与反射率有关，当 R 很小时，干涉光强变化不大，即干涉条纹可见度低。当 R 增大时，光强的透射峰变尖锐，条纹可见度提高，则法珀腔的精细度也增大。

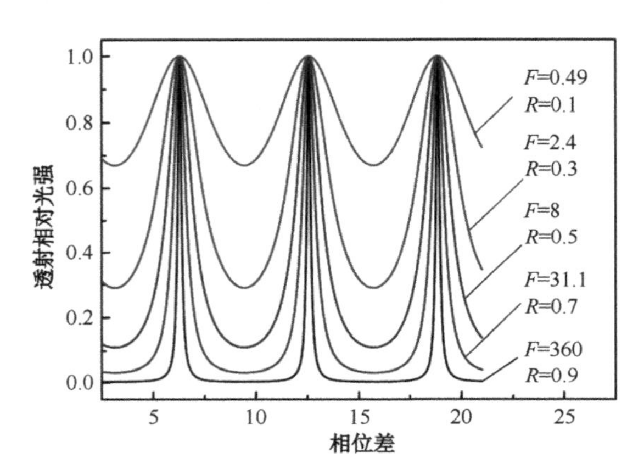

图 2-6　反射率对多光束干涉透射相对光强的影响

2. 法珀腔特征参数

法珀腔作为光学声传感器的声敏感单元，其技术参数将直接决定声传感器的灵敏度等声响应特性的好坏。下面简单介绍一下法珀腔的重要特征参数。

（1）谐振频率（或谐振波长）

由多光束干涉中的相长干涉条件（稳定驻波条件）可得，法珀腔中沿轴向传播的平面波的谐振条件为式（2-17）。

$$\begin{cases} \lambda_q = \dfrac{2nd}{q} \\ \nu_q = q \cdot \dfrac{c}{2nd} \end{cases} \tag{2-17}$$

式中，λ_q 是法珀腔的谐振波长，ν_q 是法珀腔的谐振频率，q 是整数，由于法珀腔的腔长远大于光波波长，q 通常具有10^4～10^6数量级。由式（2-17）可知，法珀腔的谐振频率与腔长和腔内介质折射率有关，在法珀腔腔长一定的情况下，腔内介质折射率变化会引起谐振频率偏移。因此，声压改变法珀腔内空气折射率会引起其谐振频率的偏移，关系式如式（2-18）所示。

$$\Delta\nu_q \approx q \cdot \frac{ck\Delta p}{2n^2 d} \tag{2-18}$$

式中，k 为声压改变与空气折射率变化的线性系数。

（2）自由频谱范围（FSR）

自由频谱范围表示法珀腔的两个相邻谐振峰的频率或波长之间的间隔，可表示为式（2-19）。

$$\mathrm{FSR} = \frac{c}{2nd} \tag{2-19}$$

从式（2-19）中可以看出，自由频谱范围与法珀腔空气隙中的介质折射率和腔长有关。

（3）品质因数（Q）

品质因数是评价法珀腔性能的一个重要因素，其表示法珀腔对耦合进腔内能量的存储能力和损耗特性，表达式为式（2-20）。可以看出，品质因数越高，法珀腔的储能能力越强；法珀腔的损耗越小，光子在法珀腔中的寿命越长。

$$Q = 2\pi\nu\frac{\varepsilon}{P} \tag{2-20}$$

式中，ν 是法珀腔中电磁场的振荡频率，ε 是法珀腔中存储的总能量，P 是单位时间内的能量损耗。

品质因数利用谐振腔的谐振谱来计算，当进行扫频的激光进入谐振腔内后，谐振腔的透射端会呈现出向上或向下的洛伦兹形谐振谱，由谐振谱的半高全宽可以计算谐振腔的品质因数，计算公式如式（2-21）所示。

$$Q = \frac{f_{\text{laser}}}{\text{FWHM}_{\Delta f}} \tag{2-21}$$

式中，f_{laser} 是激光器的中心频率，$\text{FWHM}_{\Delta f}$ 是用频率表示的谐振谱的半高全宽。在这种测量方法中，激光器的线宽会影响谐振谱半高全宽的测试精度。在这里，我们选用窄线宽（1kHz）激光器，它远远小于谐振腔的半高全宽，此时激光器自身线宽带来的误差可以被忽略。本书中所提到的法珀腔的品质因数都是采用半高全宽法计算得到的。

基于艾里公式［式（2-16）］可以推导出用相位表示的透射曲线的半高全宽为

$$\text{FWHM}_{\Delta q} = 4\arcsin\frac{1-R}{2\sqrt{R}} \tag{2-22}$$

根据线宽频率 Hz 和长度 nm 的换算公式［式（2-23）］可以推算出用频率表示的半高全宽如式（2-24）所示，因此，式（2-21）可进一步表示为式（2-25）。

$$\Delta v = \frac{c}{\lambda^2}\cdot\Delta\lambda \tag{2-23}$$

$$\text{FWHM}_{\Delta f} = \frac{c}{\pi n d}\arcsin\frac{1-R}{2\sqrt{R}} \tag{2-24}$$

$$Q = \frac{f_{\text{laser}}}{\text{FWHM}_{\Delta f}} = \frac{f_{\text{laser}}\pi d}{c\arcsin\frac{1-R}{2\sqrt{R}}} \tag{2-25}$$

式中，Δv 是用 Hz 表示的线宽，$\Delta\lambda$ 是用 nm 表示的线宽。可以看出，品质因数与激光器中心频率、法珀腔的腔长和镜面反射率有关。激光器中心频率越大、腔长越长、反射率越大，则品质因数越大。

（4）精细度（F）

精细度是指法珀腔的自由频谱范围与透射谱线的半高全宽的比值，用来度量法珀腔的损耗大小，也反映了法珀腔的分辨率，计算公式如式（2-26）所示。

$$F = \frac{\text{FSR}}{\text{FWHM}} = \frac{\pi\sqrt{R}}{1-R} \tag{2-26}$$

由式（2-26）可得，法珀腔镜面的反射率越高，精细度越大，透射谱线就越窄。

（5）谐振深度（D）

谐振深度被定义为谐振曲线的振幅波动幅度与曲线最大值的比值，通常以百分比的形式表示。

$$D=\frac{I_{\max}-I_{\min}}{I_{\max}}\times 100\% \tag{2-27}$$

式中，$I_{\max}$ 为曲线最大值，$I_{\min}$ 为曲线最小值。

2.2.3　声-光多物理场耦合声敏感机理

COMSOL Multiphysics（简称 COMSOL）是一款多物理场耦合仿真软件，具有针对不同应用领域的专业求解模块，如电磁、结构力学、声学、流体流动、传热和化工等，被广泛应用于各个领域的科学研究及工程计算，模拟科学和工程领域的各种物理过程，被广大工程师及科研人员所接受。COMSOL 是以有限元法为基础，通过求解偏微分方程（单场）或偏微分方程组（多场）来实现真实物理现象的仿真，用数学方法求解真实世界的物理现象。

本书利用 COMSOL 建模的基本步骤如下。

（1）选择被研究物理对象所对应的求解模块。

因为要进行声波扰动改变法珀腔腔内介质折射率，从而使法珀腔光学特性发生变化的研究，所以我们选择的求解模块为压力声学-频域和波动光学-电磁波-波束包络。

（2）建立几何模型，可以直接在 COMSOL 中构建，模型可以是 2D 的，也可以是 3D 的。同时，COMSOL 还支持 CAD 软件模型导入。

本书所设计的法珀腔的三维几何尺寸为 6mm×6mm×2mm，腔长为 2mm，通光面积为 2mm×2mm，但入射光束直径只有 300μm，而且光场波动范围较小，这么小的光束通过法珀腔时，其几何结构的边缘基本不存在光场。如果选用三维模型进行计算，这些边缘结构的计算量庞大且没有意义。因此，我们只需要截取通光位置所在的一个平面进行计算就足以表征法珀腔的光场特性了，计算量小且计算精度比三维模型更高。图 2-7 所示为法珀腔的二维模型图。

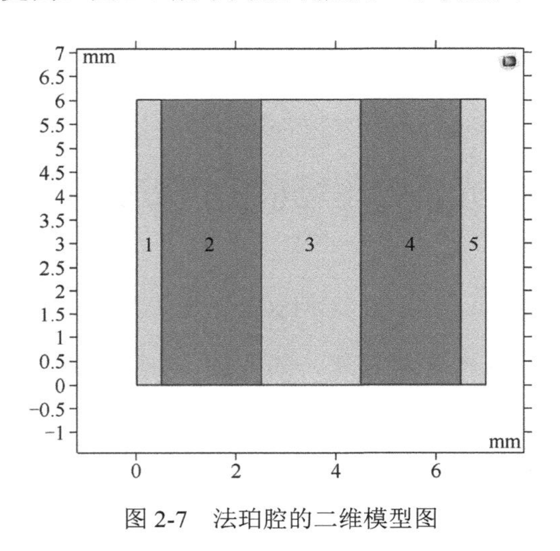

图 2-7　法珀腔的二维模型图

（3）对不同区域定义对应的物理参数，包括该区域适应的微分方程、材料特性及边界条件设置等。

定义图 2-7 所示的法珀腔模型中的域 2 和域 4 为镜面，材料为康宁 ULE 零膨胀玻璃，域 3 为空气隙，域 1 和域 5 为镜片外的空气层，目的是让光更容易进入法珀腔中。因为声波只影响法珀腔空气隙的折射率，所以压力声学模块只需要定义域 3。同时，在域 3 上边界定义一个平面波辐射，代表声入射；在下边界定义一个平面波辐射，与上边界代表的意义不同，它相当于吸收边界波，用于声波的吸收。

根据波动光学的镀膜理论，用一个层的材料来表征它的透射率，反射镜可近似为高反射薄介质层，采用过渡边界条件建模。为了计算薄介质层的反射率 R，假设介质层的折射率为 n，周围的介质层折射率分别为 n_1 和 n_2，如图 2-8 所示。

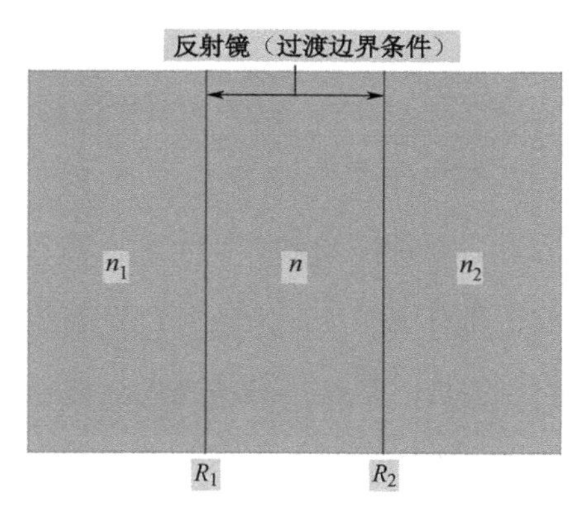

图 2-8　建模为折射率 n 的薄介质层的反射镜

（左右两边材料的折射率分别定义为 n_1 和 n_2，底部显示的是每个界面的反射率 R_1 和 R_2）

图 2-8 中所示的两种材料界面具有的振幅反射率为：

$$\begin{cases} r_1 = \dfrac{n_1 - n}{n_1 + n} \\ r_2 = \dfrac{n - n_2}{n + n_2} \end{cases} \tag{2-28}$$

则相应的功率反射率为：

$$R_i = r_i^2, i = 1, 2 \tag{2-29}$$

薄膜干涉的反射率为：

$$R = \left| \frac{\sqrt{R_1} - \sqrt{R_2}\exp(-2i\phi)}{1 - \sqrt{R_1 R_2}\exp(-2i\phi)} \right|^2 \tag{2-30}$$

式中，ϕ 是经过薄介质层产生的相位，$\phi = 2\pi nd / \lambda$。

定义厚度 $d = \lambda/100$，折射率 $n = 20.8$ 和 $n_1 = n_2 = 1$，则可以得到两个反射镜的反射率均为 0.99。因此，将域 2 的右边界和域 4 的左边界设置为高反射率。同理，通过定义过渡边界条件设置域 2 的左边界和域 4 的右边界为增透膜。根据薄膜干涉理论，增透效果最佳时，薄膜的介质折射率为：

$$n_n = \sqrt{n_{m_1} n_{m_2}} \tag{2-31}$$

式中，n_{m_1} 和 n_{m_2} 分别是薄膜两侧介质的折射率。膜的最小厚度为 $d = \dfrac{\lambda}{4n_n}$，定义过渡边界条件中 $n = \sqrt{n_{\text{lens}}}$，$d = \dfrac{\lambda}{4\sqrt{n_{\text{lens}}}}$。

域 1 的左边界利用散射边界条件发射高斯光束。输入束腰对应于腔模的解析解，束腰位于腔中心。域 5 的右边界也定义散射边界条件用于光的吸收。

另外，法珀腔空气腔内的折射率是声场与光场全耦合的中间量，即域 3 的折射率应设置为一个变量，求出声压引起折射率的变化加上标准大气压下的空气折射率，便可得到相应的折射率。关于折射率变化的定义可参考式（2-9）。

（4）划分有限元网格，网格划分是有限元分析预处理的重要一步。网格与模型的匹配度、网格的大小和精细度，对计算结果有较大影响。

我们这里用的是 COMSOL 自带的物理场网格，并根据计算结果来更改网格的精细度和大小，网格划分示意图如图 2-9 所示。

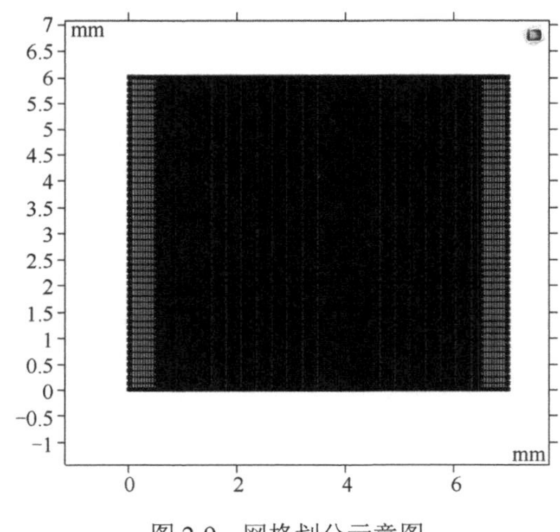

图 2-9　网格划分示意图

（5）模型求解，可以对指定参数进行参数化扫描求解。

首先求解声场，选择频域研究，可以求解不同频率下法珀腔空气隙的声压和声压级分布。然后求解光场，同样也选择频域研究，通过设定入射激光中心波长附近的波长范围进行扫描可以得到法珀腔的谐振谱线和电场分布。在光场计算中再添加一个参数化扫描，输入参数值为声压改变引起的空气折射率变化，即可计算出声压导致的法珀腔谐振频率（或谐振波长）的漂移。在声场和光场都被单独求解正确后，可以对这两个场进行全耦合计算。

（6）结果后处理，计算结果可以以图表、数据等形式展示。

通过声场的频域计算可以得到法珀腔空气腔的声场分布，分别仿真了相同频率不同声压的声场分布情况和同一声压不同频率的声场分布情况，如图 2-10 和图 2-11 所示。由图 2-10 可以看出，相同频率不同声压下的声场分布除表面总声压大小不同外，分布规律是一致的，都是声源处声压最小，离声源越远声压越大。图 2-11 显示的同一声压不同频率的声场分布规律是不同的，低频时整个声场分布均为高声压，频率增大，声源处的声压开始减小，离声源越远声压越大，当频率增大到 100kHz 时，声场从声源处呈先弱再强再弱再强的平均分布。说明声信号的声场分布与声压无关，与频率有关。

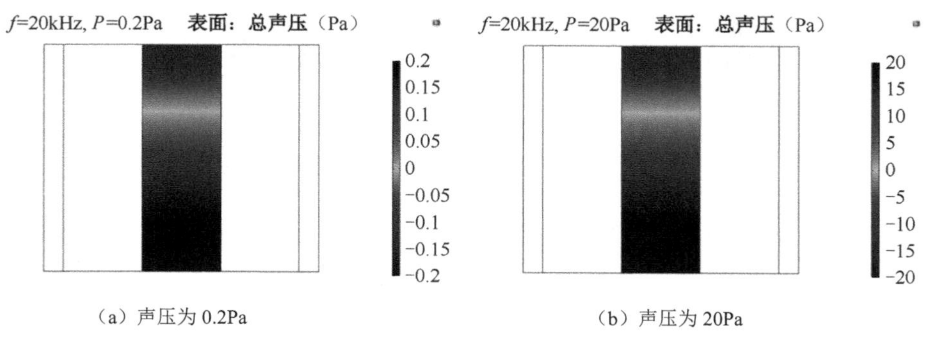

（a）声压为 0.2Pa　　（b）声压为 20Pa

图 2-10　20kHz 频率不同声压的声信号在法珀腔空气腔的声场分布

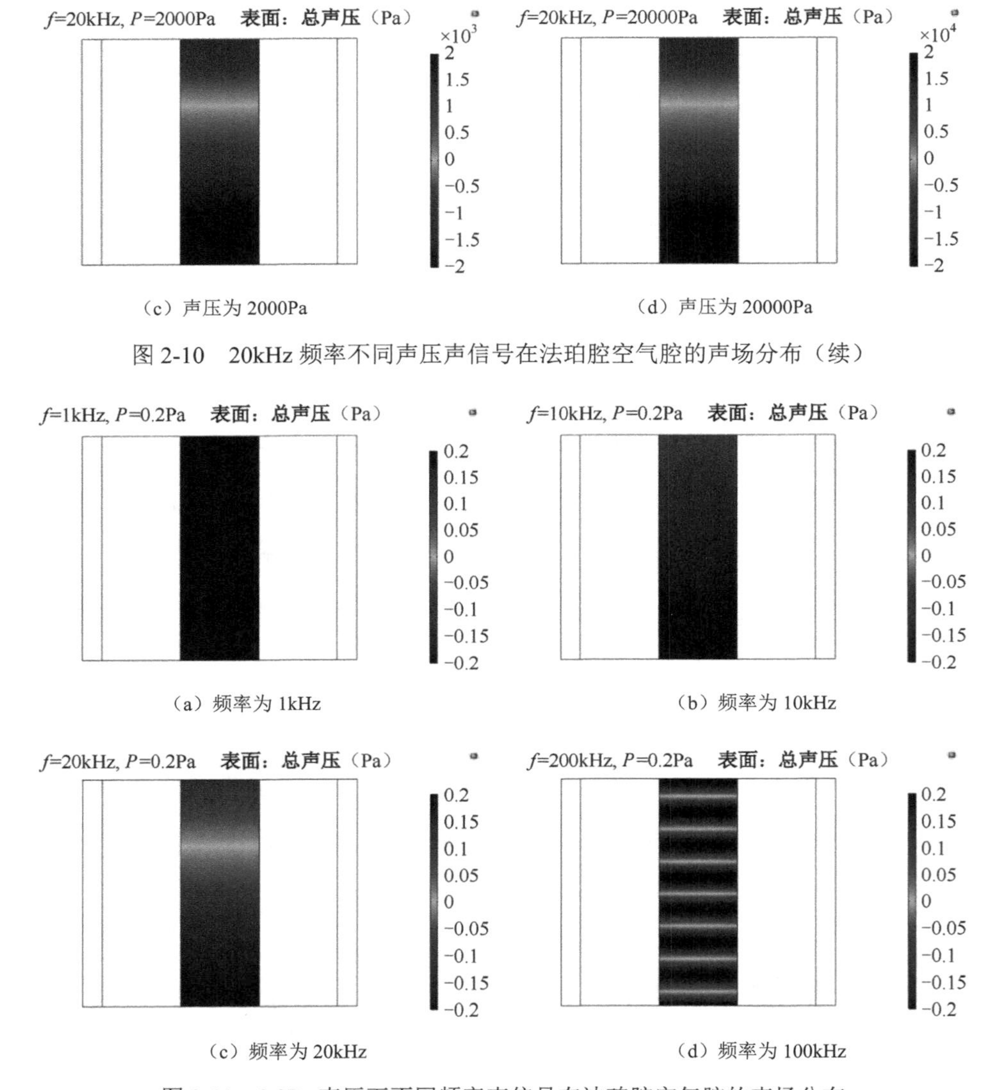

（c）声压为 2000Pa

（d）声压为 20000Pa

图 2-10 20kHz 频率不同声压声信号在法珀腔空气腔的声场分布（续）

（a）频率为 1kHz

（b）频率为 10kHz

（c）频率为 20kHz

（d）频率为 100kHz

图 2-11 0.2Pa 声压下不同频率声信号在法珀腔空气腔的声场分布

对法珀腔空气腔声场进行频域扫描可以得到频率响应曲线，如图 2-12 所示。在 10Hz～3MHz 的频率范围内平坦度小于 0.3dB，说明法珀腔结构本身不会对光学声传感器的频率响应平坦度产生影响。

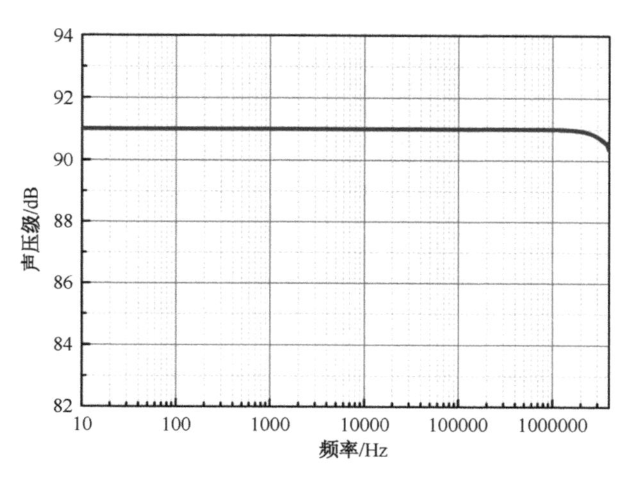

图 2-12　法珀腔空气腔声场频率响应曲线

另外，对法珀腔进行光场计算，无声信号时法珀腔的电场分布如图 2-13 所示，入射高斯光束从左向右传播，因此，在法珀腔空气腔的左边既有入射光束，也有反射光束。空气腔内同时有左向传播和右向传播的光束。在空气腔的右侧，只有反射的光束。图 2-13（a）所示是非谐振频率处的电场分布，图 2-13（b）所示是谐振频率处的电场分布，可以看出法珀腔发生谐振时空气腔内的电场最强，而非谐振时腔内的电场变弱，最强的电场分布在腔外。法珀腔的谐振谱线如图 2-14 所示，表明在频率扫描范围内只有一个模式被激发。

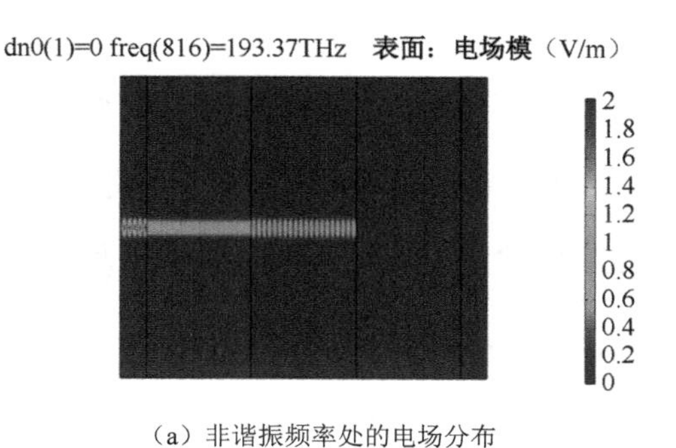

（a）非谐振频率处的电场分布

图 2-13　无声信号时法珀腔的电场分布

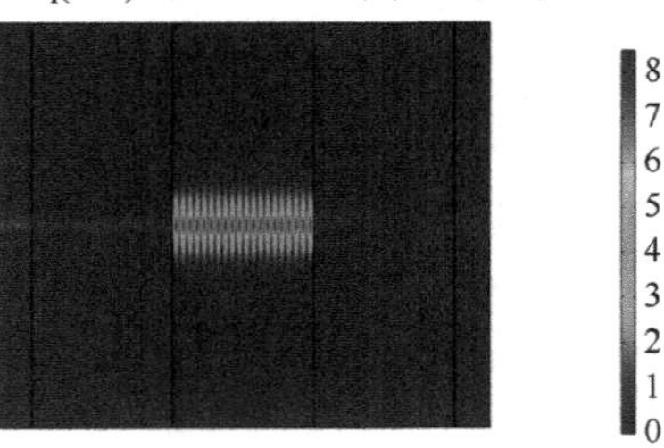

（b）谐振频率处的电场分布

图 2-13 无声信号时法珀腔的电场分布（续）

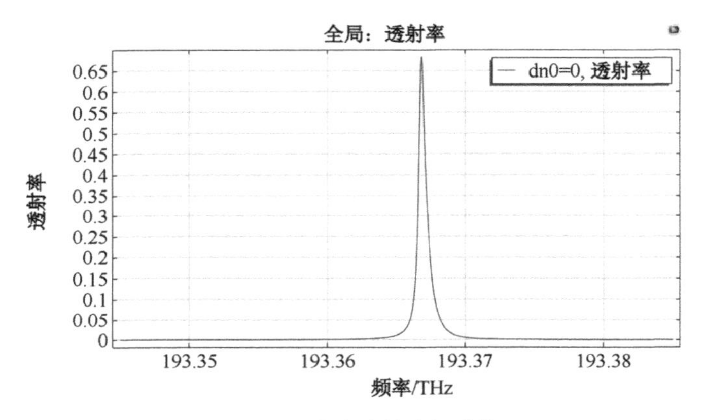

图 2-14 法珀腔的谐振谱线

声场与光场全耦合后，通过施加不同的声压，法珀腔的谐振频率会发生偏移，为了可以明显观察到谐振频率的偏移，分别仿真了未加声压、声压为 500Pa 和声压为 5000Pa 时法珀腔的电场分布和谐振谱线。图 2-15 所示是不同声压下法珀腔谐振频率处的电场分布，可以看出它们的谐振频率是不同的。图 2-16 所示是不同声压下法珀腔谐振谱线的偏移图，可以看出谐振谱线发生了明显的偏移。而且，本书还通过计算法珀腔的波长灵敏度证明了声压与法珀腔谐振波长（成谐振频率）的偏移量成线性正比关系。上述多物理场模型仿真结果充分验证了无振膜纯光学声敏感机理的正确性。

dn0(1)=0 freq(816)=193.37THz　表面：电场模（V/m）

8 7 6 5 4 3 2 1 0

（a）声压为 0Pa

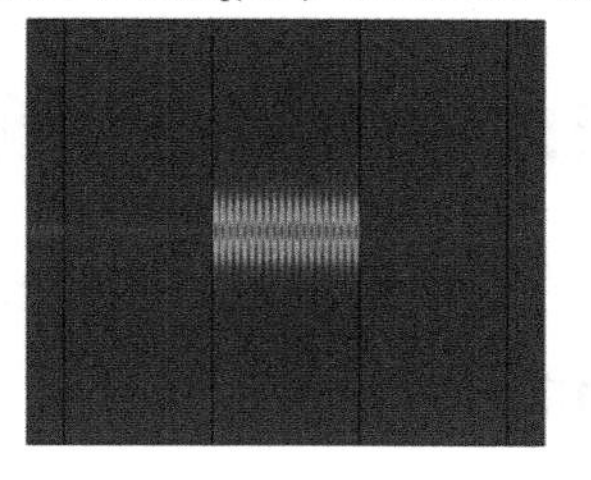

（b）声压为 500Pa

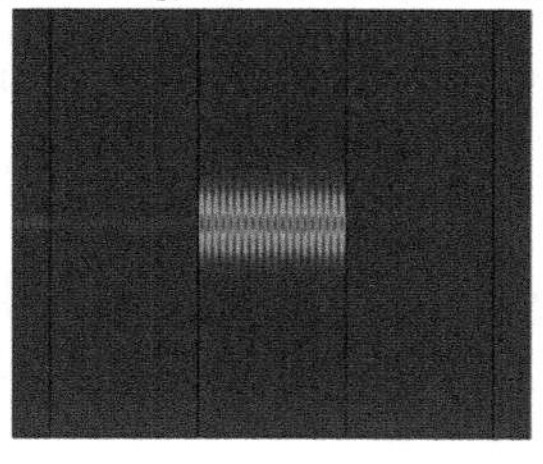

（c）声压为 5000Pa

图 2-15　不同声压下法珀腔谐振频率处的电场分布

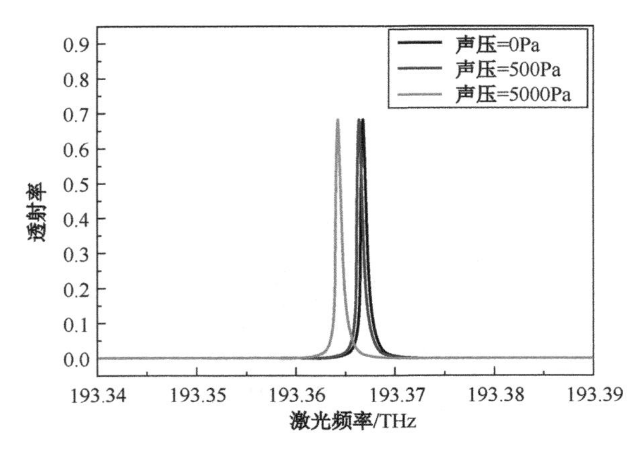

图 2-16　不同声压下法珀腔谐振谱线的偏移图

2.3 MEMS 法珀腔声敏感响应特性

2.3.1　宽频带响应特性

光学声传感器利用声波扰动引起的法珀腔反射镜之间空气分子密度的变化导致的空气折射率的变化来检测声信号。不同于电声传感器和基于膜片的光学声传感器的频率响应范围受限于声敏感膜片的谐振特性，由于法珀腔是全刚性结构，所以光学声传感器不受机械共振频率的影响，可以获得平坦的宽带频率响应。

从理论上说，光学声传感器的频率响应主要由入射光束直径决定。在忽略光束发散的条件下，假设声场沿 x 方向传播，并与探测激光轴正交，利用固定光束半径 ω_0 的高斯光束函数与表示声压场各频率分量的正弦函数之间的一维卷积可以计算出光纤声传感器的归一化响应[112]，如式（2-32）所示。

$$p_m(k)=\int_{-\infty}^{\infty}p_s(k)\cos(k(x-x'))\cdot\exp\left(-\frac{2x^2}{\omega_0^2}\right)\cdot\mathrm{d}x' \tag{2-32}$$

式中，k 为整数，$p_s(k)$ 为光纤声传感器所在位置各次谐波分量的声压，x 为声波波长，ω_0 为入射光束半径，$p_m(k)$ 为相应的检测幅值。

光学声传感器声探测的过程中，随着声波频率增加，波长不断变短，当声波波长短至接近于激光束直径时，在激光束内部会同时出现声压的最大值和最小值，使传感器不能输出声信号。光学声传感器中使用的光纤准直器的光束直径为 300μm，可以仿真得到光纤声传感器的仿真频率响应曲线如图 2-17 所示，其 –3dB 频带宽度可达 1.1MHz。

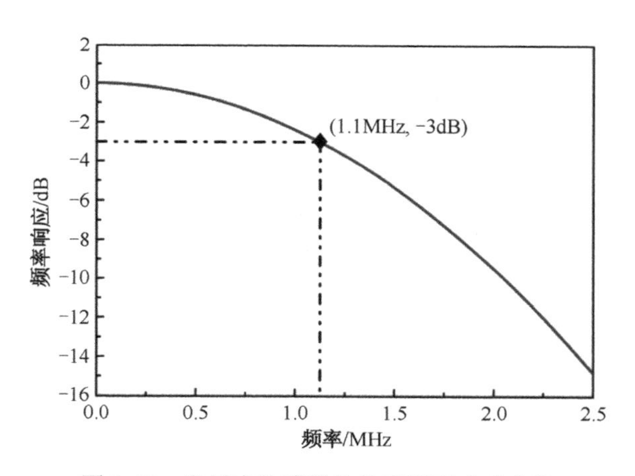

图 2-17　光纤声传感器的仿真频率响应曲线

2.3.2　高灵敏度响应特性

由无振膜纯光学光纤声传感器的声敏感原理可知，声探测通过检测由声压引起的空气折射率的变化导致的法珀腔谐振频率偏移来实现。根据 2.2 节 COMSOL 对声敏感机理的仿真可得，理论上光纤声传感器的谐振频率（可换算为谐振波长）

偏移与声压的变化关系，通过线性拟合可以看出谐振波长的偏移与声压的变化成正比，线性斜率 41.1822×10^{-5}nm/Pa 即波长灵敏度。通常，我们所使用的光谱仪分辨率在 pm 量级，表明其最大可以分辨的空气折射率变化为 10^{-7}，而 1Pa 声压引起的折射率变化量级为 10^{-9}，因此通过直接检测波长偏移量是不能检测出正常声压的声信号的。解决方法就只能是通过使用更先进的光谱仪来提高检测精度，但这种方式成本过于昂贵，虽然可以避免光源波动的干扰，但并不经济实用。

由声压引起的法珀腔的谐振频率偏移非常微弱，很难直接进行测量，所以本文采用调相谱检测技术作为声解调方法对声信号进行检测，利用相位调制和锁相放大技术对微弱频差信号进行放大提取。然后，根据谐振谱线与解调曲线的对应关系，将解调曲线作为误差信号反馈控制激光器，使激光频率跟踪并锁定在谐振频率上。锁频后，光纤声传感器对声信号的响应对应于锁定后解调曲线相对零点的偏移量，因此光纤声传感器的声压灵敏度与同步解调曲线有关。有关调相谱检测技术声信号解调过程中光场和电场的工作原理及公式推导与分析将在第 6 章详细描述，这里不再赘述。

根据 6.2 节的式（6-2）、式（6-3）、式（6-5）和式（6-9）可以得到同步解调曲线与法珀腔的谐振谱线（透射曲线）相对应，又由艾里公式可知法珀腔的谐振谱线与镜面反射率有关。利用 MATLAB 仿真不同反射率法珀腔的谐振谱线与同步解调曲线，结果如图 2-18 所示。图 2-18 表明法珀腔的反射率越大，谐振谱线的半高全宽越窄，对应同步解调曲线的斜率越大。对于给定的谐振频率偏移，解调曲线线性振幅的变化量即光纤声传感器的灵敏度，取决于解调曲线的斜率，斜率越大，灵敏度越大。因此，要获得高灵敏度的光纤声传感器，首先必须选择具有高镜面反射率的法珀腔。

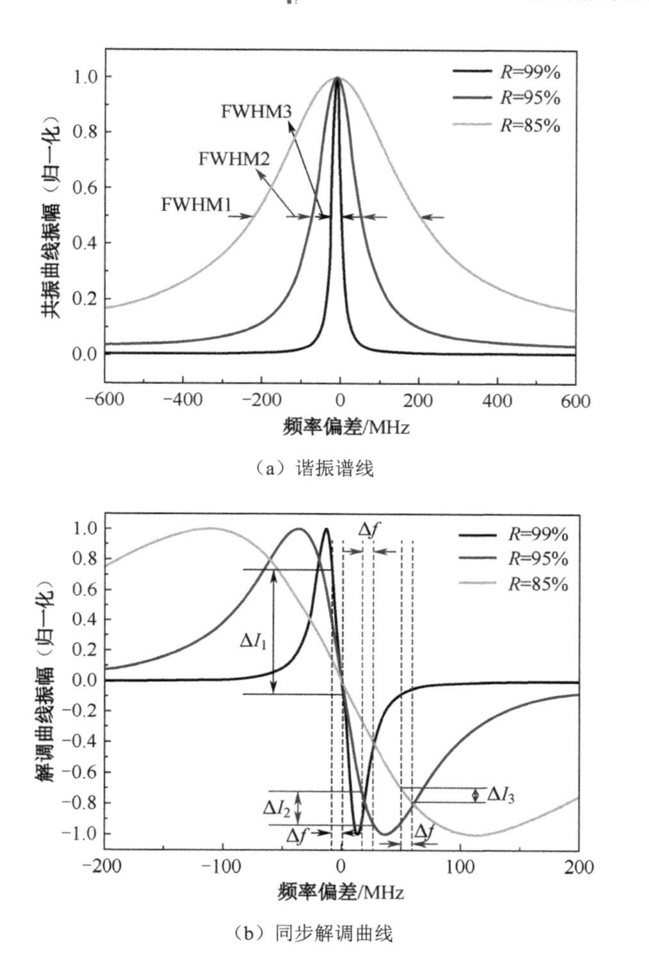

（a）谐振谱线

（b）同步解调曲线

图 2-18　不同反射率的法珀腔的仿真谐振谱线和解调曲线及声响应特性

另外，声压灵敏度是光纤声传感器常用的灵敏度表示方法。声压灵敏度为声信号引起的传感器输出开路电压与传感器探测位置处的自由场声压的比值，单位为 mV/Pa（毫伏/帕），根据解调曲线（即误差电压信号表达式）可将声压灵敏度表示为

$$S_V = \frac{\mathrm{d}V_{\text{error}}}{\mathrm{d}p} = \frac{\mathrm{d}V_{\text{error}}}{\mathrm{d}f} \cdot \frac{\mathrm{d}f}{\mathrm{d}n} \cdot \frac{\mathrm{d}n}{\mathrm{d}p} \tag{2-33}$$

$$S_f=\frac{\mathrm{d}V_{\text{error}}}{\mathrm{d}\Delta f}=\frac{\eta}{2}\cdot\frac{1-\alpha_M}{4}\cdot R_{ml}G_mE_0^{\ 2}\left\{J_0(M)J_1(M)\left[\begin{array}{l}\cos\varphi_0\cdot\dfrac{\mathrm{d}\left[\operatorname{Re}(F_{T_0}F_{T_+}^{\ *}-F_{T_0}^{\ *}F_{T_-})\right]}{\mathrm{d}f}-\\ \sin\varphi_0\cdot\dfrac{\mathrm{d}\left[\operatorname{Im}(F_{T_0}F_{T_+}^{\ *}-F_{T_0}^{\ *}F_{T_-})\right]}{\mathrm{d}f}\end{array}\right]\right\}\tag{2-34}$$

另外，对于法珀腔来说，当整个光学空气腔内充满折射率为 n 的均匀物质时，有

$$\begin{cases}d'=nd\\ f_m=m\dfrac{c}{2nd}\end{cases}\tag{2-35}$$

式中，f_m 是法珀腔的谐振频率，m 是整数。由于法珀腔的腔长远远大于激光中心波长，整数 m 通常有 $10^4\sim10^6$ 数量级，

则可得

$$\frac{\mathrm{d}f}{\mathrm{d}n}=\frac{\mathrm{d}\left(m\dfrac{c}{2nd}\right)}{\mathrm{d}n}=-mc\frac{2d}{(2nd)^2}=-\frac{mc}{2n^2d}\tag{2-36}$$

又因为

$$n=1+\left(\frac{273.15}{101325}\cdot\frac{p}{T}\cdot N_{\text{sph}}\right)\times10^{-6}\tag{2-37}$$

则可得

$$\frac{\mathrm{d}n}{\mathrm{d}p}=\frac{273.15}{101325}\cdot\frac{N_{\text{sph}}}{T}\cdot10^{-6}\tag{2-38}$$

因此，声压灵敏度为：

$$\begin{aligned}S_V&=\frac{\mathrm{d}V_{\text{error}}}{\mathrm{d}P}\\ &=\frac{\eta}{2}\cdot\frac{1-\alpha_M}{4}\cdot R_{ml}G_mE_0^{\ 2}\left\{J_0(M)J_1(M)\left[\begin{array}{l}\cos\varphi_0\cdot\dfrac{\mathrm{d}\left[\operatorname{Re}(F_{T_0}F_{T_+}^{\ *}-F_{T_0}^{\ *}F_{T_-})\right]}{\mathrm{d}f}\\ -\sin\varphi_0\cdot\dfrac{\mathrm{d}\left[\operatorname{Im}(F_{T_0}F_{T_+}^{\ *}-F_{T_0}^{\ *}F_{T_-})\right]}{\mathrm{d}f}\end{array}\right]\right\}\cdot\\ &\quad\left(-\frac{mc}{2n^2d}\right)\cdot\left(\frac{273.15}{101325}\cdot\frac{N_{\text{sph}}}{T}\cdot10^{-6}\right)\end{aligned}\tag{2-39}$$

由式（2-38）可以得出，光纤声传感器的声压灵敏度与法珀腔的镜面反射率、腔长、激光中心波长、输入光场幅度、环境温度、相位调制频率、相位调制器的插入损耗、光电探测器的响应度、混频器输出负载电阻及混频器变频损耗等参数有关。也就是说，声压灵敏度不仅表明了光纤声传感器传感头拾取声压信号的能力，还间接反映了声信号解调系统的解调能力。

相位灵敏度定义为由声信号引起的光纤声传感器干涉信号中的相位变化与在声场中引入传感器前存在于传感器声中心位置处的自由场声压的比值，单位为 rad/Pa。该定义可以准确反映光纤声传感器对声信号的响应能力，具有明确的物理意义，故也可作为光纤声传感器灵敏度的表征值。

由于光纤声传感器解调方式输出的灵敏度为电压灵敏度，因此需要将电压灵敏度转化为相位灵敏度。

$$S_V=\frac{\mathrm{d}V_o}{\mathrm{d}P}=\frac{\mathrm{d}V_o}{\mathrm{d}p_t}\cdot\frac{dp_t}{\mathrm{d}I_t}\cdot\frac{\mathrm{d}I_t}{\mathrm{d}n}\cdot\frac{\mathrm{d}n}{\mathrm{d}P} \tag{2-40}$$

$$\frac{\mathrm{d}V_o}{\mathrm{d}p_t}=R\cdot G \tag{2-41}$$

$$\frac{\mathrm{d}p_t}{\mathrm{d}I_t}=S \tag{2-42}$$

$$S_n=\frac{\mathrm{d}I_t}{\mathrm{d}n}=\frac{-1}{\left(1+\frac{4R\sin^2 q/2}{(1-R)^2}\right)^2}\cdot\frac{4R}{(1-R)^2}\cdot\frac{2\pi\mathrm{d}\sin q}{\lambda}I_0 \tag{2-43}$$

$$S_\phi=\frac{\mathrm{d}q}{\mathrm{d}P}=\frac{\mathrm{d}q}{\mathrm{d}n}\cdot\frac{\mathrm{d}n}{\mathrm{d}P}=\frac{4\pi d}{\lambda}\cdot\frac{S_V}{RGSS_n} \tag{2-44}$$

2.3.3 大动态范围响应特性

一般来说，光学元件的厚度决定了其能承受的最大压强。对于长方形的窗口来说，其厚度与压强的关系式为：

$$T_{\min} = \sqrt{\frac{SPX^2Y^2}{M(X^2+Y^2)}} \tag{2-45}$$

式中，T 是厚度（单位是英寸，1 英寸=2.54 厘米），S 是安全系数（典型值为 4），P 是压强（单位是 psi），X 是零件较长边的无支撑长度（单位是英寸），Y 是零件较短边的无支撑长度（单位是英寸），M 是断裂模量（单位是 psi）。

本书中，全刚性的法珀腔整体尺寸为 6mm×6mm×2mm，选用康宁 ULE 零膨胀玻璃，弯曲强度为 49.8MPa（7220psi），根据法珀腔的尺寸大小可以计算得到其最大可承受 236.8dB 的声压，其结构自身特性决定了光纤声传感器有实现大动态范围的潜力。

由 6.2 节中式（6-9）（误差信号的表达式）可以得到镜面反射率为 99%时，法珀腔的同步解调曲线如图 2-19 所示，从图中可以得到此时解调系统线性可探测频率偏移量为 $\Delta f = \pm 8.3\text{MHz}$。又根据单位声压引起的频率偏移量为 0.6MHz 可得光纤声传感器能实现 116.8dB 的大动态范围。

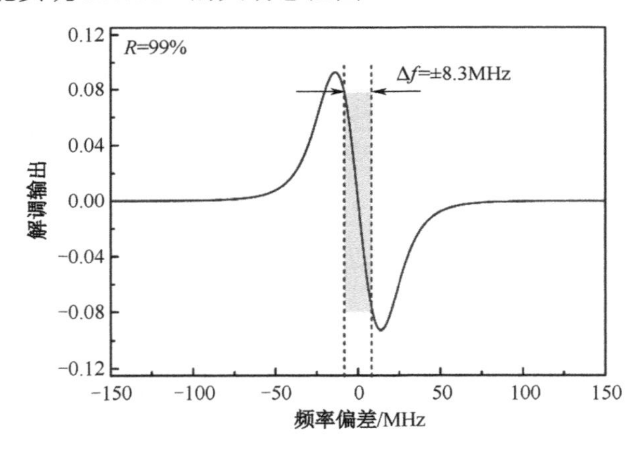

图 2-19　同步解调曲线所对应的系统可探测频率偏移量

实际测试过程中，光纤声传感器的动态范围是指输入声压与传感器输出声信号保持线性关系的区间范围，通过对光纤声传感器声探测解调技术的分析可知，动态范围的上限与声传感器的声压灵敏度和同步解调曲线的幅值有关，小的声压灵敏度和大的解调曲线幅值可以使光纤声传感器得到大的最大可探测声压。动态范围的下限由最小可探测声压决定，最小可探测声压与光纤声传感器的灵敏度相关，灵敏度越高，声传感器对微弱声信号的拾取能力越强，即最小可探测声压越大。

另外，依据式（2-32），当光束直径等于声波振幅、大于声波波长时，一个完整的声波对介质密度的影响完全包含在光束直径内，为理论上可以测得的最小可探测声压。当光束直径小于声波波长或者声波振幅时，光束包络受声波影响导致介质密度变化的范围减小，光学声传感器的最小可探测声压减少。因而，光束直径越小，光学声传感器的最小可探测声压越小，如图 2-20 所示。

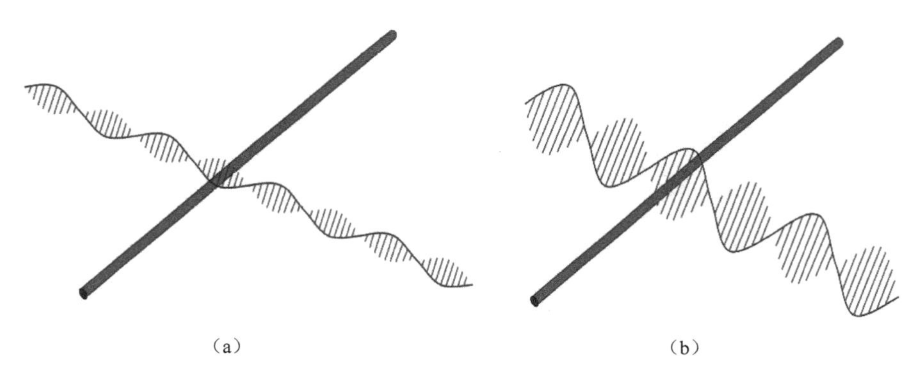

图 2-20　频率相同、振幅不同的声波与光束直径的影响示意图

依据法珀腔的传递函数式（2-11）、（2-16），并令 $4\pi d/\lambda = a$，对于折射率 n，求一阶导数为：

$$\frac{\mathrm{d}T}{\mathrm{d}n} = -\frac{2aR\sin q}{(1-R)^2\left[1+\frac{4R\sin^2 q/2}{(1-R)^2}\right]^2} \tag{2-46}$$

$$\frac{\mathrm{d}T}{\mathrm{d}n} = -T^2\frac{2aR}{(1-R)^2}\sin q \tag{2-47}$$

关于 n 的二阶导数为：

$$\frac{\mathrm{d}^2T}{\mathrm{d}n^2}=-\frac{8a^2R^2\sin^2 q}{(1-R)^4\left[1+\frac{4R\sin^2 q/2}{(1-R)^2}\right]^3}-\frac{2a^2R\cos q}{(1-R)^2\left[1+\frac{4R\sin^2 q/2}{(1-R)^2}\right]^2} \tag{2-48}$$

依据高 Q 值法珀腔结构，谐振曲线的半高全宽较小，工作点线性区域较小，因此，选取谐振曲线顶点作为解调系统锁频点 q_0，也就是传递函数一阶导数为 0 的点，二阶导数极小值点。

$$\Delta T(t)=\frac{\mathrm{d}T}{\mathrm{d}n}\cdot\Delta n(t)=-T_{q_0}^2\frac{2a_0R}{(1-R)^2}\sin(q_0)\cdot\Delta n(t)=0 \tag{2-49}$$

在锁频点处透射光的谐振强度和谐振频率的变化，除了声压，其他环境条件也会对它产生影响，因而必须将谐振曲线稳频在谐振频率处。如图 2-21 所示为法珀腔的谐振曲线、一阶导数曲线、二阶导数曲线。从图中可知，谐振曲线的峰值点处是二阶导数 0 点处、三阶导数的极小值处；谐振曲线的工作点处为二阶导数极值点处，上升沿对应极大值、下降沿对应极小值，对应三阶导数 0 点。同时，依据仿真结果，关于 n 的二阶导数曲线的斜率为 -3.1803×10^{-3}，幅值为 3.8699×10^{-4}，这两个参数与传感器灵敏度、最大可探测声压的大小有关。

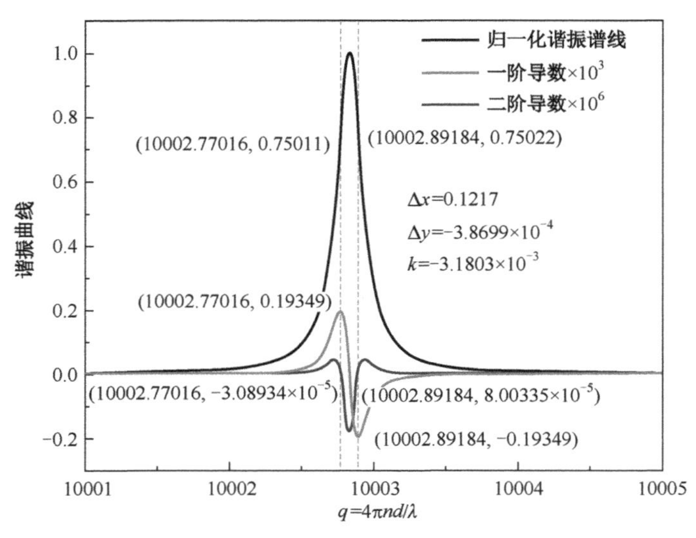

图 2-21　法珀腔的谐振曲线、一阶导数曲线、二阶导数曲线

传递函数的锁频点位于关于 n 的一阶导数的零点处。依据解调系统的设置，二阶导数曲线为解调系统的误差信号或解调信号，与传感器的灵敏度相关[113]。因此，本书仿真了不同腔镜反射率的二阶导数曲线如图 2-22 所示。当腔镜反射率为 0.99 时，二阶导数的斜率为 0.3512，幅值为 0.0041；当腔镜反射率为 0.9 时，二阶导数的斜率为 3.1803×10^{-3}，幅值为 3.8699×10^{-4}；当腔镜反射率为 0.8 时，二阶导数的斜率为 9.6×10^{-4}，幅值为 1.8213×10^{-4}；采用理论仿真，仿真结果精度为 10^{-4}。从图 2-23 可以看出，Q 值越大，解调曲线的斜率绝对值越大，幅值越大。

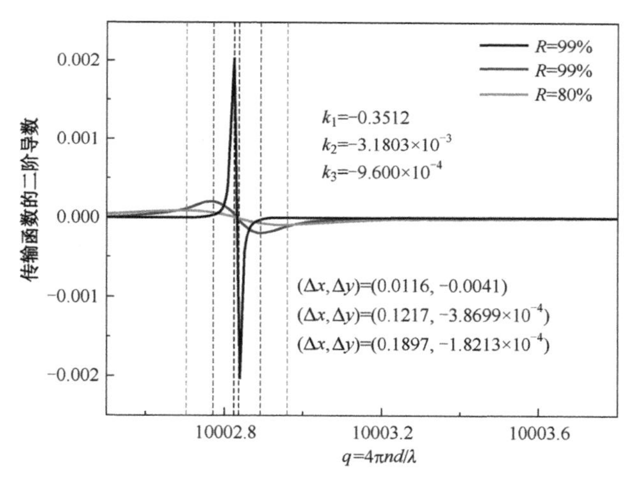

图 2-22　Q 值对解调曲线线性区域斜率、幅值的影响

最大可探测声压为总谐波失真小于 30dB 时的探测声压值。依据解调算法，绘制如图 2-23 所示的解调结果图，锁频点位于解调曲线的零点处，即 Q 点，输入频率相同、幅值不同的正弦波声信号 a。当输入深色信号时，幅值较小，声压较小，输出的信号没有发生失真；当输入浅色信号时，幅值增大，声压增大，输出的信号发生失真。因此，最大可探测声压与解调曲线的幅值、斜率相关，即与谐振腔的 Q 值相关，法珀腔的 Q 值越大，最大可探测声压越小。

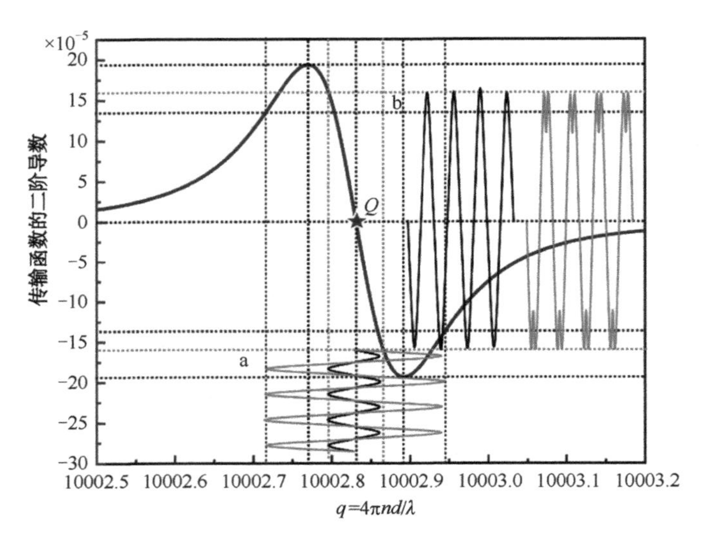

图 2-23　最大可探测声压的影响因素

MEMS 法珀腔声传感结构设计方法

·第3章·

声敏感单元结构是声传感器的核心，本章设计了两种全刚性 MEMS 法珀腔结构，第一种是平面法珀腔，通过分析法珀腔的镜面反射率和腔长与半高全宽的关系，建立不同尺寸的法珀腔模型，仿真并讨论它们的模态特性和振动特性，最终确定法珀腔结构的合适尺寸。第二种是光声共焦稳定法珀腔，通过分别分析光共焦和声共焦原理完成其结构设计。

3.1 全刚性法珀腔结构设计

光学声传感声敏感单元的结构需求为微小型化、高可靠性和高灵敏度。全刚性法珀腔的典型结构为两块互相平行、内表面镀反射膜的平面玻璃之间用热膨胀系数很小的间隔圈固定的这样一个干涉装置。由声敏感响应特性可知，法珀腔谐振谱线的半高全宽决定了无振膜纯光学声传感器的灵敏度特性，半高全宽越窄，灵敏度越大。由半高全宽表达式［式（3-1）］可得，在折射率不变的条件下，镜

面反射率 R 和腔长 d 是半高全宽 $\mathrm{FWHM}_{\Delta f}$ 的主要影响因素，即声探测灵敏度的决定系数包含镜面反射率 R 和腔长 d 。

$$\mathrm{FWHM}_{\Delta f}=\frac{c}{\pi n d}\arcsin\frac{1-R}{2\sqrt{R}} \tag{3-1}$$

因此，对于法珀腔结构参数对探测灵敏度的影响，关键是掌握镜面反射率 R 和腔长 d 对半高全宽 $\mathrm{FWHM}_{\Delta f}$ 的影响规律。利用 MATLAB 数值仿真软件建立 d 、R 和 $\mathrm{FWHM}_{\Delta f}$ 的仿真模型，得到它们三者之间的三维关系图如图 3-1（a）所示。其中，反射率的范围为 0.9～0.99，腔长的范围为 1～10mm。从图中可以得出，反射率相同时，腔长越长，半高全宽越窄，灵敏度越高。在腔长一定的情况下，反射率越大，半高全宽越窄，灵敏度越高。而且，反射率越小，腔长变化对半高全宽的影响越大，当反射率大于或等于 0.99 时，腔长对半高全宽的影响明显减弱。为了实现高灵敏度的声探测和满足小型化的结构需求，法珀腔的镜面反射率要大于或等于 0.99。

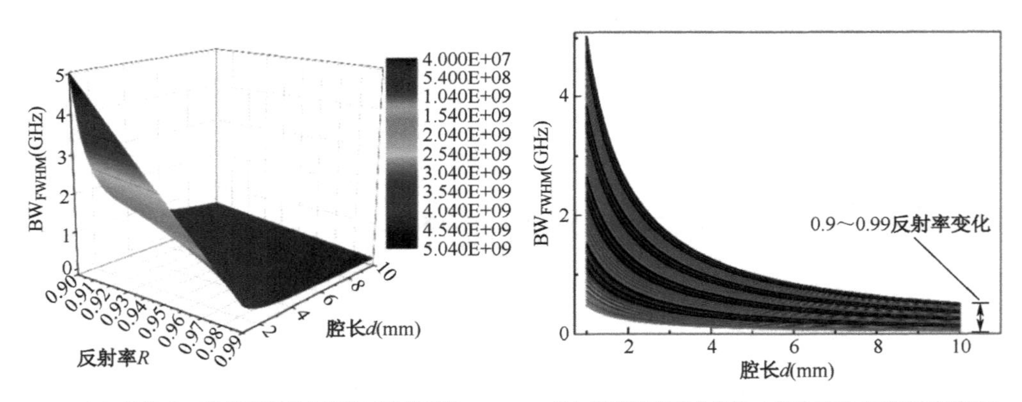

（a）反射率、腔长和半高全宽的三维关系图　（b）腔长和半高全宽的二维关系图（不同反射率下）

图 3-1　反射率、腔长和半高全宽的三维关系图及腔长和半高全宽的二维关系图

另外，法珀腔的结构尺寸还会影响其机械共振特性。通过 COMSOL 多物理场仿真软件建立法珀腔模型进行模态分析。模态是机械结构的固有振动特性，每

一个模态都具有特定的固有频率、阻尼比和模态振型。通过模态分析可以了解法珀腔结构在易受影响的频率范围内的各阶主要模态特性，从而预言结构在此频段内在外部或内部各种振源作用下产生的实际振动响应，有利于在实际应用中避免结构共振和噪声的产生。COMSOL 中所建的法珀腔结构模型如图 3-2 所示，将其单元属性定义为固体单元，单个节点在仿真状态下设定为 2 个自由度，可以理解为结构内部的上下振动，同时设定法珀腔材料为康宁 ULE 零膨胀玻璃，密度为 $2.21g/cm^3$，杨氏模量为 67600MPa，泊松比为 0.17，并基于固体力学的特征频率研究方法求解。

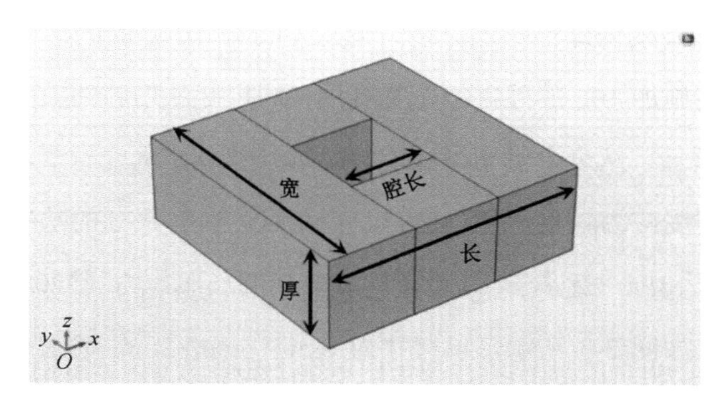

图 3-2 法珀腔结构模型

为了确定法珀腔的尺寸，以厚度、长度、宽度、腔长为变量在 COMSOL 中建立不同尺寸的法珀腔模型，分别求解它们的前六阶特征频率。当结构在特定的特征频率下振动时，会变形为相应的形状，称为特征模态。需要注意的是，特征频率的分析只能提供模态的形状，而不能提供任何物理振动的振幅，仅当已知实际激励时，才能确定实际的变形大小。对比分析不同尺寸法珀腔模型的前六阶模态特征频率和阵型可以发现，法珀腔的整体特征频率相对较高，这是由于 ULE 零膨胀玻璃有较高的刚度质量比。不同尺寸法珀腔的前六阶特征模态中，不是所有模态阵型都会改变法珀腔的腔长。由于法珀腔作为声敏感元件响应声音时只有腔长的改变会影响声响应特性，所以我们只需要讨论能使腔长发生变化的各阶特征模态阵型的特征频率大小与法珀腔尺寸的对应关系即可。如表 3-1 所示，法珀腔的厚度越厚，宽度越窄，长度越短，腔长越长，影响腔长的各阶特征频率越大。因此，为了得到较大的特征频率，由模态分析结果可知，法珀腔的尺寸选择应该遵循厚度要厚、腔长要长、长宽要短的原则。不过，厚度和腔长对法珀腔的特征频率的影响要明显弱于长度和宽度对法珀腔的特征频率的影响。

为了进一步分析不同尺寸法珀腔的环境适应性，即恶劣环境中的可靠性，选择对其进行抗振动特性分析。同样，分别以厚度、长度、宽度、腔长为变量建立不同尺寸的法珀腔模型进行对比分析，通过 COMSOL 中的固体力学模块在法珀腔的上表面分别施加 10*g* 的固定加速度得到不同尺寸法珀腔的应力分布和位移变化，如表 3-2 所示。从表中可知，法珀腔的厚度越厚，宽度越窄，长度越短，腔长越长，表面所受应力越小，位移也越小。而且，所有尺寸的法珀腔所受的最大应力为 2.01×10^{-3}MPa，远小于 ULE 零膨胀玻璃的屈服应力（7200MPa），所以不会损坏法珀腔。如图 3-3 所示，以尺寸为 6mm×6mm×2mm 的法珀腔的表面应力分布和与应力所对应的体总位移为例，可以看出振动加速度不会引起法珀腔腔长的改变，因此理论上不会影响法珀腔的声响应特性。但考虑到振动对实际声探测系统稳定性的影响，应该使法珀腔所受的应力和位移较小，所以法珀腔的尺寸选择应遵循厚度要厚、长宽要短、腔长要长的原则。

表 3-1　不同尺寸法珀腔的模态分析

变量	尺寸/mm	腔长/mm	各阶模态阵型(阶)		特征频率/kHz
			腔长不变	腔长改变	
厚度	6×6×2	2	1/2/3/5	4	659.25
				6	683.54
	6×6×3	2	1/2/3	4	659.58
				5	683.51
				6	683.55

续表

变量	尺寸/mm	腔长/mm	各阶模态阵型(阶)		特征频率/kHz
			腔长不变	腔长改变	
厚度	6×6×4	2	1/2/3	4	660.25
				5	682.59
				6	682.60
宽度	6×10×2	2	1/2/3/4/6	5	484.49
	6×8×2	2	1/2/3/4/5	6	580.67
	6×6×2	2	1/2/3/5	4	659.25
				6	683.54
长度	10×6×2	2	1/2/3/6	4	473.65
				5	485.03
	8×6×2	2	1/2/3/5	4	549.91
				6	580.49
	6×6×2	2	1/2/3/5	4	659.25
				6	683.54
腔长	6×6×2	2	1/2/3/5	4	659.25
				6	683.54
	6×6×2	3	1/2/3/4	5	678.83
				6	684.81
	6×6×2	4	1/2/3/4	5	677.00
				6	678.65

表 3-2　10*g* 加速度下不同尺寸法珀腔的抗振动特性

变量	尺寸/mm	腔长/mm	10*g*	
			最大应力/MPa	最大位移/pm
厚度	6×6×2	2	1.47×10^{-3}	26.6
	6×6×3	2	1.31×10^{-3}	20.4
	6×6×4	2	1.21×10^{-3}	18.5
宽度	6×10×2	2	2.01×10^{-3}	54.1
	6×8×2	2	1.76×10^{-3}	43.8
	6×6×2	2	1.47×10^{-3}	26.6
长度	10×6×2	2	1.98×10^{-3}	54.0
	8×6×2	2	1.83×10^{-3}	43.7
	6×6×2	2	1.47×10^{-3}	26.6
腔长	6×6×2	2	1.48×10^{-3}	26.7
	6×6×2	3	1.3×10^{-3}	25.0
	6×6×2	4	1.3×10^{-3}	25.0

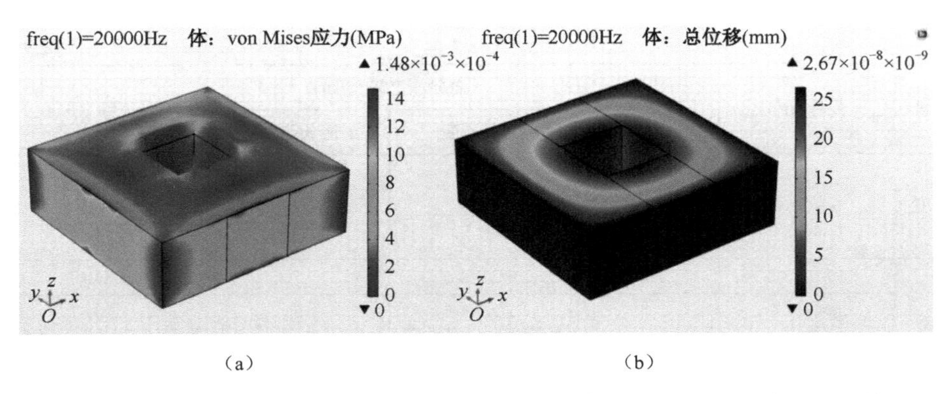

（a） （b）

图 3-3 10g 加速度下尺寸为 6mm×6mm×2mm 的法珀腔的表面应力分布和体总位移

综上，通过对法珀腔的声探测灵敏度、模态特征和抗振动特性的分析，同时考虑加工工艺的难易程度，最终确定全刚性法珀腔的尺寸为 6mm×6mm×2mm，腔长为 2mm。

3.2 稳定法珀腔聚焦特性

对于腔体的稳定性，一般使用参数 g 来表述：

$$g_1 = 1 - \frac{d}{R_1} \tag{3-2}$$

$$g_2 = 1 - \frac{d}{R_2} \tag{3-3}$$

式中，d 为腔长，即两面腔镜之间的距离；R_i 为第 i 面镜子的曲率半径，并规定当镜子凹面对着腔体时，$R_i > 0$。有两种极限情况：①当 $R_1 = R_2 = d/2$ 时，此腔为共心腔；②当 $R_1 = R_2 = \infty$ 时，此腔为平面腔。如果入射光线是轴向光线，则这两种腔光线可以往返多次而不逸出；如果入射光线为非轴向光线，则这两种腔光线往返多次后从侧面逸出。

为使腔体保持稳定，即近轴光线在腔内往返运动而不横向逸出，则要求：

$$0 < g_1 g_2 < 1 \tag{3-4}$$

当 $R_1 = R_2 = R = d$ 时，此腔为对称共焦球面腔，腔体中心为两面反射镜共同的焦点，任意轴向光线都可以在腔内往返多次而不横向逸出，所以稳定条件可以修改为：

$$\begin{cases} 0 < g_1 g_2 < 1 \\ g_1 = g_2 = 0 \end{cases} \tag{3-5}$$

对于非对称共焦球面腔，即 $R_1 = R_2 = R \neq d$ ，$0 < d < 2R$ 为稳定腔。

如图 3-4 所示，灰色区域为稳定法珀腔腔长与镜面反射率的要求，虚线为共焦法珀腔的稳定结构要求。

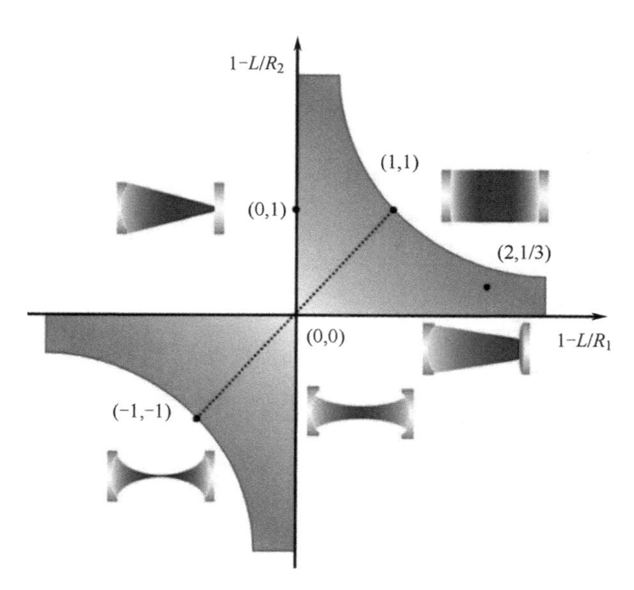

图 3-4　稳定法珀腔参数分布

当在谐振腔内出现谐振的条件，即光波从某一点出发，经谐振腔内往返一周回到出发位置时，应与初始出发光波相位相同（相差 2π 的整数倍）。如

果以 $\Delta\Phi$ 表示均匀平面波在腔内往返一周的相位滞后，则相长干涉条件可以表示为：

$$\Delta\Phi = \frac{2\pi}{\lambda_q} \cdot 2L' = m \cdot 2\pi \tag{3-6}$$

$$L' = nd = m\frac{\lambda_q}{2} \tag{3-7}$$

式中，λ_q 为光在真空中传播的中心波长，L' 为谐振腔的光学长度，m 为正整数，n 为介质的折射率。

$$v_q = m \cdot \frac{c}{2L'} \tag{3-8}$$

式（3-8）为共轴球面腔中沿轴向传播的平面光波的谐振条件。当满足上述条件时，在腔内形成驻波。因此，稳定开放式法珀腔的腔长需要满足 $0 < d < 2R$ 。

要实现法珀腔的高品质因数 Q 值，依据理论公式，仅与腔镜反射率正相关。

激光信号与法珀腔的模式匹配，一般指纵模的模式匹配，必须满足两个条件：①高斯光束的波前必须与腔镜的曲面重合；②在法珀腔内，高斯光束束腰的位置必须与法珀腔束腰的位置相同，并且大小相等。为了满足第一个条件，首先需要保证高斯光束与腔共轴，腔镜曲率半径与相位面的曲率半径一致。为了满足第二个条件，需要在光路中加入透镜，以调整高斯光束的传输。

高斯光束经过平凸透镜进入腔体，发生模式匹配。依据光的可逆性原理，假设光从对称法珀腔中心发出，光波的波前与第一面腔镜的曲率半径重合，透过第一面腔镜进入空气介质，再通过平凸透镜的变换可实现法珀腔与激光信号的高斯光束模式匹配。

对于高斯光束，只要知道 z 点处高斯光束的束腰大小 ω_z 和曲率半径 $R(z)$，就可以知道整个高斯光束的信息，依据厄米特高斯函数有：

$$E_{mn}(x,y,z)=C_{mn}\frac{\omega_0}{\omega_{(z)}}H_m\left[\frac{\sqrt{2}x}{\omega(z)}\right]H_n\left[\frac{\sqrt{2}y}{\omega(z)}\right]\exp\left[-\frac{x^2+y^2}{\omega^2(z)}\right]\exp\left[-i\frac{\beta(x^2+y^2)}{2R(z)}\right]\times$$
$$\exp\left[-i\left(\beta z-(1+m+n)\arctan\left(\frac{z}{f}\right)\right)\right]$$

（3-9）

式中，C_{mn} 是归一化常数；$H_m\left[\frac{\sqrt{2}x}{\omega(z)}\right]$ 和 $H_n\left[\frac{\sqrt{2}y}{\omega(z)}\right]$ 分别是第 m 阶和第 n 阶厄米多项式。特别地，对于基模 TEM00，$H_m=H_n=1$，$m=n=0$。因此，式（3-9）可简化为：

$$E_{00}(x,y,z)=A\frac{\omega_0}{\omega(z)}\exp\left(-\frac{x^2+y^2}{\omega^2(z)}\right)\exp\left(-i\frac{\beta(x^2+y^2)}{2R(z)}\right)$$
$$\exp\left\{-i\left[\beta z-\arctan\left(\frac{z}{f}\right)\right]\right\} \tag{3-10}$$

式中，各参数可以表示为：

$$\beta=\frac{2\pi n}{\lambda} \tag{3-11}$$

$$\omega(z)=\omega_0\sqrt{1+(z/f)^2} \tag{3-12}$$

$$R(z)=z\left[1+\left(\frac{f}{z}\right)^2\right]=z+\frac{f^2}{z} \tag{3-13}$$

$$f=\frac{n\pi\omega_0^2}{\lambda} \tag{3-14}$$

腔的轴线在 z 点处相交的等相位面的曲率半径为：

$$R(z)=\left|z+\frac{f^2}{z}\right| \tag{3-15}$$

为满足法珀腔的模式匹配，以法珀腔的中心位置为原点，光轴方向为 z 轴，建立三维坐标系。对于稳定对称球面共焦腔：

$$\begin{cases}\omega_0^4=\left(\dfrac{\lambda}{\pi}\right)^2 z\left(R-\dfrac{L}{2}\right)\\ f=\dfrac{L}{2}\\ z=\dfrac{L}{2}\\ \omega_z=R\end{cases}\tag{3-16}$$

任何一个稳定的非共焦法珀腔都可以转化为稳定的共焦法珀腔：

$$\begin{cases}z_1=\dfrac{L(R_2-L)}{(L-R_1)+(L-R_2)}\\ z_2=\dfrac{-L(R_1-L)}{(L-R_1)+(L-R_2)}\\ f^2=\dfrac{L(R_1-L)(R_2-L)(R_1+R_2-L)}{\left[(L-R_1)+(L-R_2)\right]^2}\end{cases}\tag{3-17}$$

式中，z_1,z_2为两个高反镜的位置，f为等价共焦法珀腔的焦距。

对于对称球面法珀腔：

$$\begin{cases}z_1=-\dfrac{L}{2}\\ z_2=\dfrac{L}{2}\\ f^2=\dfrac{L(2R-L)}{4}\end{cases}\tag{3-18}$$

对于一般稳定球面法珀腔$(R_1、R_2、L)$所产生的高斯光束：

$$\begin{cases}\omega_0^4=\left(\dfrac{\lambda}{\pi}\right)^2\dfrac{L(R_1-L)(R_2-L)(R_1+R_2-L)}{(R_1+R_2-2L)^2}\\ f^2=\dfrac{L(R_1-L)(R_2-L)(R_1+R_2-L)}{(R_1+R_2-2L)^2}\end{cases}\tag{3-19}$$

依据上面的公式，将腔长为5mm、曲率半径为150mm的法珀腔进行等价，其xz轴截面图如图3-5所示，法珀腔束腰半径为97.336μm，在镜面上的光斑半径为98.157μm，等价共焦腔的腔长为38.4mm，镜面上的光斑半径为137.65μm。

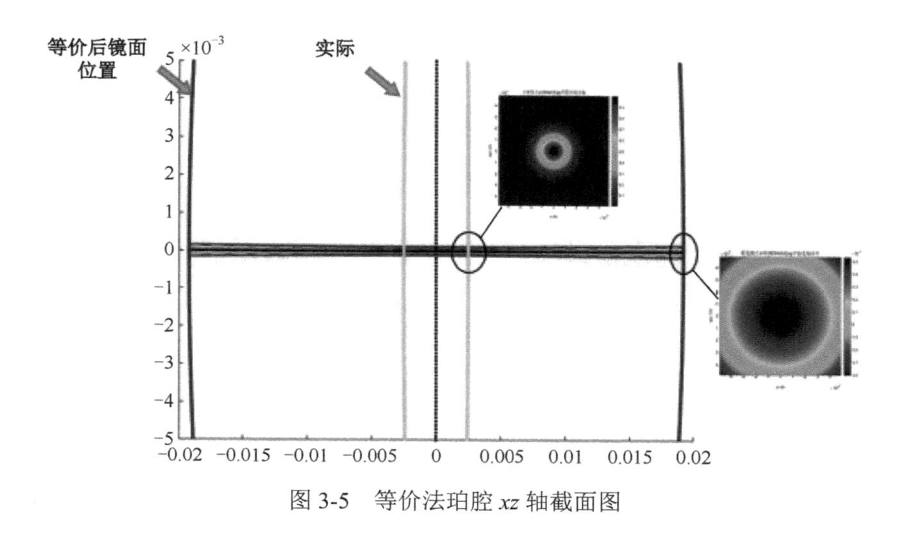

图 3-5　等价法珀腔 xz 轴截面图

3.3 光声共焦法珀腔传感结构设计

如图 3-6 所示为声信号与稳定法珀腔的光束的相互作用关系图。设计稳定法珀腔结构，腔镜采用对称球面平凹透镜，腔长小于 2 倍腔镜焦距，那么在腔体内形成的光束满足高斯分布；激光光束与法珀腔模式匹配，实现光束的傍轴输入，

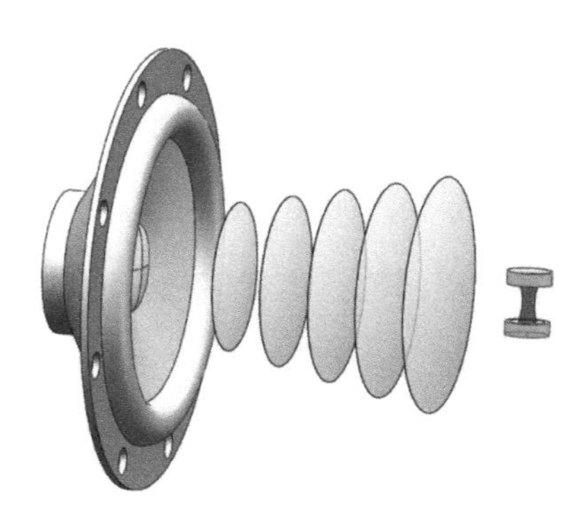

图 3-6　声信号与稳定法珀腔的光束的相互作用关系图

光线在腔内往返多次而不致横向逸出；腔镜凹面镀有高反射率介质膜，实现反射率为99%，以上条件共同实现了法珀腔的高Q值。

将声信号输入腔体中心位置，凹面结构稳定法珀腔的Q值相较于相同结构的平面结构临界稳定法珀腔的Q值要大，因此，稳定结构法珀腔的灵敏度要高于相同结构的临界稳定法珀腔的灵敏度。

光声共焦光学声传感机理示意图如图 3-7 所示，即通过光声共焦声反射结构反射部分声信号到光束束腰位置，光束束腰位置声压强度的增加造成法珀腔光学声传感器的输出信号增大，因此，光声共焦光学声传感器的灵敏度增大。

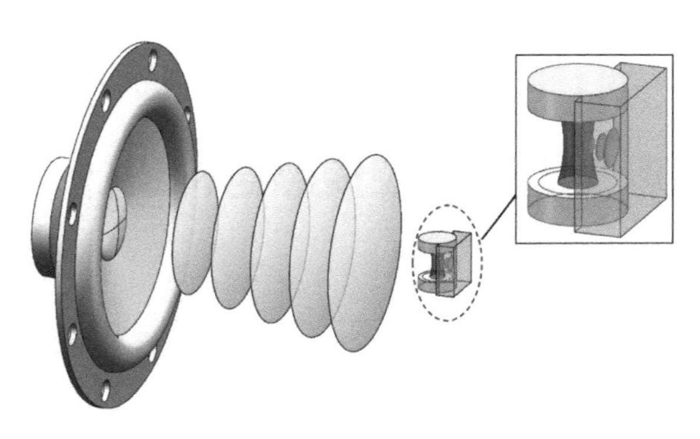

图 3-7　光声共焦光学声传感机理示意图

为了验证光声共焦声反射结构的声汇聚功能，利用 COMSOL 5.6 多物理场软件模拟了声传播规律，建立了以声源振动装置中心为原心、声波传播方向为y轴、光波传播方向为z轴的仿真坐标系，如图 3-8 所示。

建立如图 3-7 所示的扬声器结构，声音信号是通过扬声器纸盆的规律振动产生的，当扬声器纸盆向前移动时，它会压缩前方的空气，使空气压力升高。随后，当它向后移动超过其静止位置时，会使空气压力下降。这一过程不断持续重复，从而产生一种以声速传播的、高低压交替出现的驻波，如图 3-9 所示，总声压强度沿y轴逐渐减小。

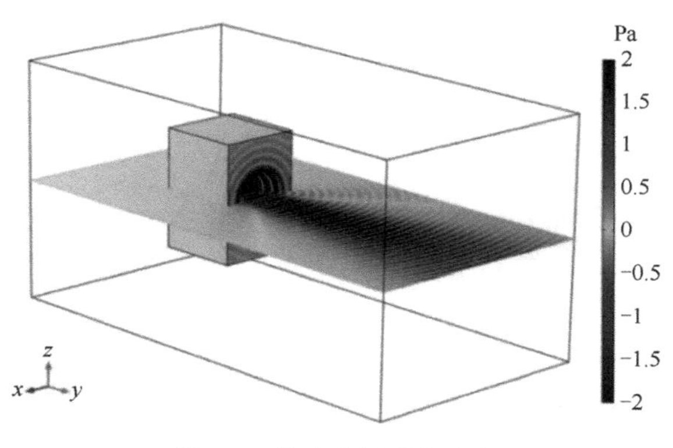

图 3-8　仿真坐标系的建立

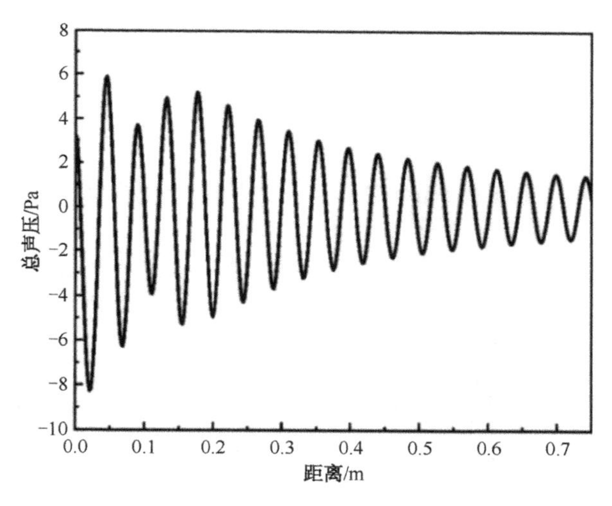

图 3-9　沿 y 轴总声压强度的变化规律

采用 COMSOL 5.6 仿真，仿真结果（声场传输规律及声反射垫片结构对声压强度的影响）如图 3-10 所示，将光声共焦声反射垫片结构放置在声场中，在光轴位置处声压强度增大了 5.92 倍。其中，图 3-10（a）声场传输规律显示不同声频率信号作用下，远离声源，声压不断降低；相同位置相同信号幅值条件下，声信号频率越高，声压值越大。图 3-10（b）声反射垫片结构对声压强的影响显示，声场中放置光声共焦声反射结构，在光轴处的声压强度为 9.22 mW/m^2，是该位置处声压强度的 5.92 倍。

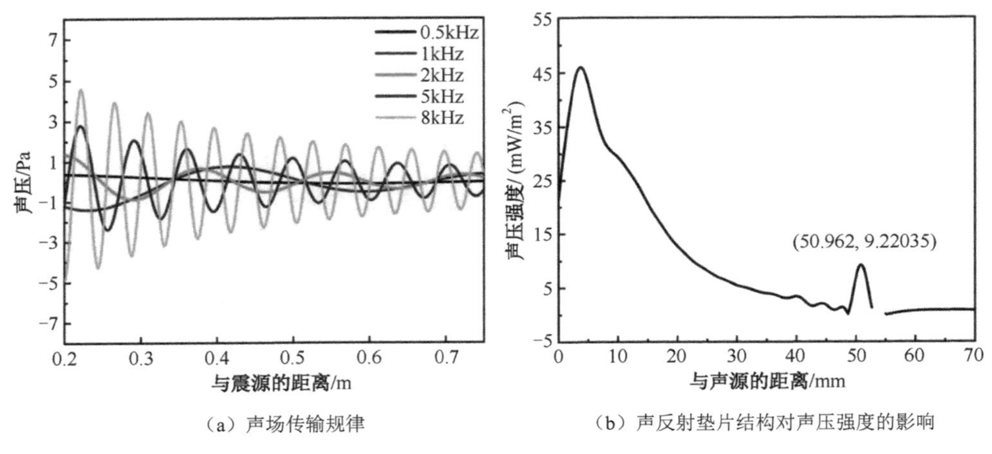

（a）声场传输规律　　（b）声反射垫片结构对声压强度的影响

图 3-10　声场传输规律及声反射垫片结构对声压强度的影响

为了更清楚地分析光声共焦声反射结构对声压强度的影响，当激光光高分别为 3mm、3.5mm、4.5mm 和 5mm 时，声压强度分布规律如图 3-11 所示。

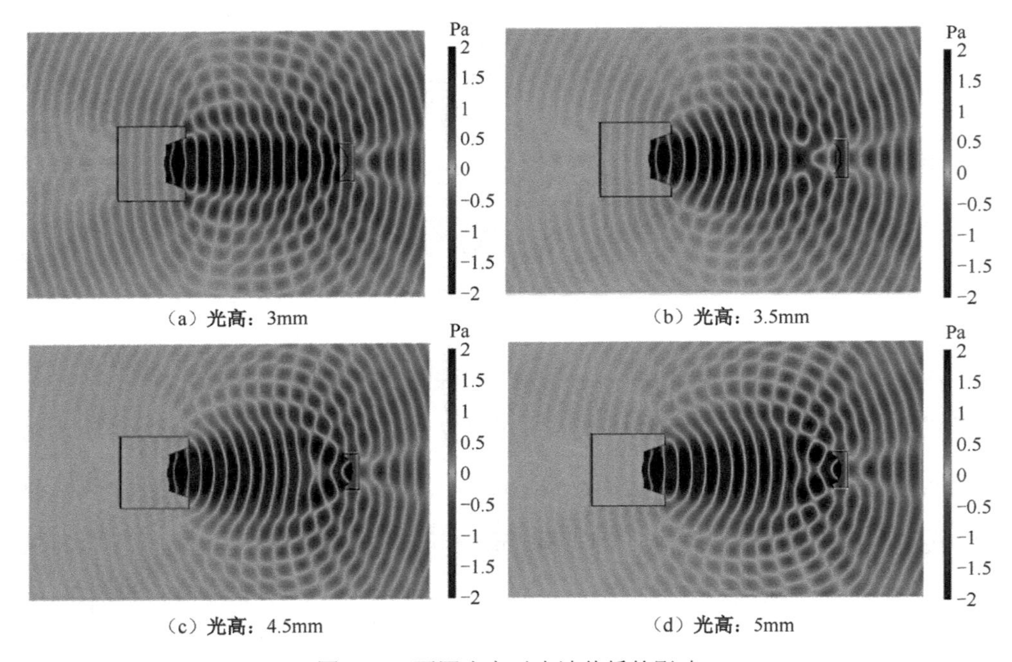

（a）光高：3mm　　（b）光高：3.5mm

（c）光高：4.5mm　　（d）光高：5mm

图 3-11　不同光高对声波传播的影响

声压强度沿声传播方向（y 轴）的变化曲线及反射器随光高变化的最大反射声压强度如图 3-12 所示。随着凹表面的加深，声反射轴线上的声压强度不断增大，但变化不是线性的。这可能是因为凹表面的变化不是通过改变凹表面的曲率半径来实现的，而是通过增加凹表面最低平面的高度来实现的。

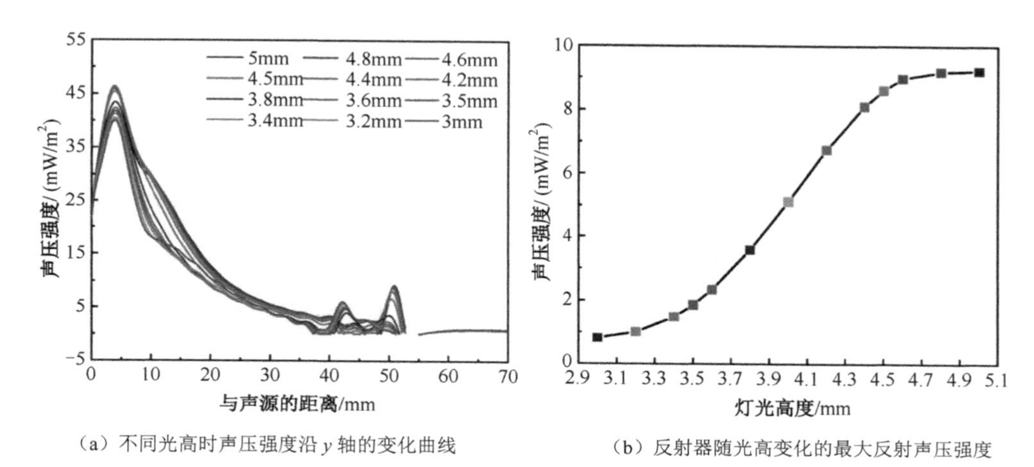

（a）不同光高时声压强度沿 y 轴的变化曲线　　（b）反射器随光高变化的最大反射声压强度

图 3-12　声压强度沿声传播方向（y 轴）的变化曲线及反射器随光高变化的最大反射声压强度

声波在流体中（如空气、水中）表现为疏密波（纵波），在固体中表现为横波和纵波。声波在经过凹面边界时会发生反射和汇聚，因此，本书设计了如图 3-13 所示的光声共焦声反射结构法珀腔。

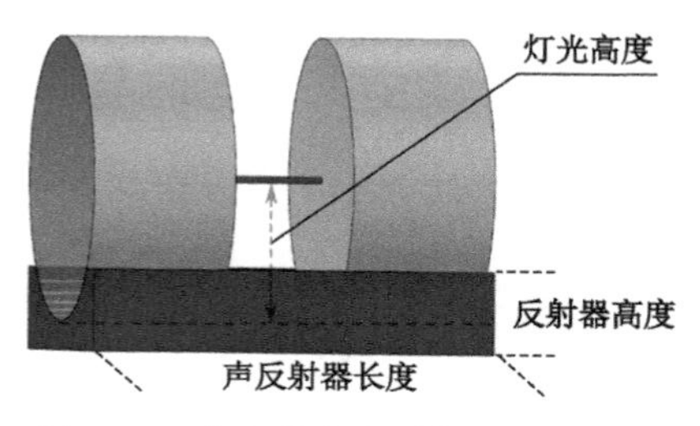

图 3-13　光声共焦声反射结构法珀腔

为了进一步提升传感器的灵敏度，优化敏感单元结构，在垫片上加工凹面以形成光声共焦声反射结构敏感单元，进而提高灵敏度。声反射结构采用与腔镜相同的 N-BK7 材料制成。法珀腔的腔镜固定在反射结构的两端，腔镜的半径与反射器的曲率半径相同。上述结构不仅可以很好地固定腔镜，还可以保证激光束的传播轴与声反射的收敛轴重合。其中，腔长是声反射器的长度减去 2 倍腔镜中心的厚度。声反射器的凹面与声源振动面相对。光高是指激光束轴线到凹面最低点的距离。

声反射结构垫片加工采用玻璃毛细管切割的方法。玻璃毛细管切割可以降低加工成本和加工步骤，造成表面斜纹、毛刺、崩裂等问题。采用常用的火抛光的方法进行表面抛光，形成光滑表面，便于使用紫外光胶胶合腔镜和垫片。对于高 Q 值稳定法珀腔，要求腔镜中心轴线与光轴重合，因此将腔镜直接放置于垫片结构上，一般不会出现谐振谱线，需要进行腔镜位置调整。因为设计的声反射结构的曲率半径与腔镜的曲率半径相同，将腔镜放置于声反射凹槽处时，腔镜只能微小移动，采用搭建的六维调整系统调整腔镜完成制备。

基于光胶工艺的法珀腔制备方法

·第4章·

光胶工艺是一种小批量 MEMS 加工工艺。本章主要研究基于光胶工艺的法珀腔制备方法，其中包括全刚性法珀腔的加工，以及光纤准直器和法珀腔的耦合封装，主要根据前面章节对法珀腔模态和振动特性的分析确定法珀腔最优尺寸，进行光胶工艺的制备，同时设计并利用六维电动光纤耦合系统实现光纤准直器与法珀腔的耦合对准，最后封装得到光纤声传感器。

4.1 光胶工艺

光胶工艺是基于光胶现象的一种光学加工工艺。光胶现象的产生机理为：两个光学元件接触面越光滑，摩擦力越小，这个规律只适用于一定范围，当元件表面的光滑程度超过一定限度后，表面越光滑，摩擦力反而会越大，因为过分光滑的两个表面的分子会紧紧相邻，相互之间距离很小，两个表面的分子之间就会由于电磁作用而相互吸引。表面越光滑，分子之间的距离越小，这种吸引力就越大。

分子之间的作用力可用式（4-1）表示。

$$F = \frac{\lambda}{r^s} - \frac{\mu}{r^t} \tag{4-1}$$

式中，F 是分子之间的作用力；λ 和 μ 表示系数，均为正数；r 是分子之间的距离；s 和 t 是随物质而不同的常数，通常 $s=(9\sim15)$，$t=(4\sim7)$；$\frac{\lambda}{r^s}$ 表示斥力；$\frac{\mu}{r^t}$ 表示引力；因为 $s>t$，所以 $\frac{\lambda}{r^s} \leqslant \frac{\mu}{r^t}$。

一般情况下，当 $r=(10^{-4}\sim10^{-3})\mu\text{m}$ 时，表现出引力，即两个准备光胶的光学元件表面之间的距离在0.0001～0.001μm范围内才能表现出分子引力作用，这要求光学元件表面的误差为：

$$N = \frac{\Delta h}{\lambda/2} = \frac{0.001}{0.25} = \frac{1}{250} \tag{4-2}$$

然而，这样高精度的抛光表面较难加工和检验。但在实际加工过程中，只要光学元件要光胶的表面的相对面形误差 $N \leqslant 2$ 光圈时，就可以进行光胶。原因是分子引力并不是在整个光胶表面上起作用，它只是一个统计的物理现象，即分子引力是在两表面微观的波峰与波峰或波谷与波谷之间起作用，也就是犬牙交错式的结合。由于波峰与波谷都是小而密集的，因此产生分子引力的统计面积相当大，足以使两个表面光胶。光胶时，胶合件是低光圈配对，通常外缘先加压，则该部位先胶上，在胶与未胶的界面附近，由于分子引力作用，未胶部分易达到分子引力范围，导致胶合面逐渐增大，直到全部胶上。

4.2 基于光胶工艺的法珀腔制备

在本书中，根据既定尺寸所设计的法珀腔结构图纸如图 4-1 所示。边缘片和中间片的材料均选择康宁 ULE 零膨胀玻璃，对玻璃片进行如下表面处理：①S1、

S2、S3 和 S4 面抛光，其余面细磨，S1 和 S4 面做成楔形也是为了避免表面反射光产生干涉；②光洁度为 40-20；③面形 $<\lambda/20@632.8\text{nm}$；④平行度为 S2//3 < 1"；⑤倒角为 0.1mm×45°；⑥崩边 < 0.2mm；⑦有效孔径 > 中心 ϕ1.7mm。另外，在 S1 和 S4 面镀增透膜，反射率 $R<0.2\%@1550\text{nm}$，0° 入射，增透膜的作用为减少反射光以增加光在表面的透过率。在 S2 和 S3 面镀高反膜，反射率 $R>99\%@1550\text{nm}$，也是 0° 入射。

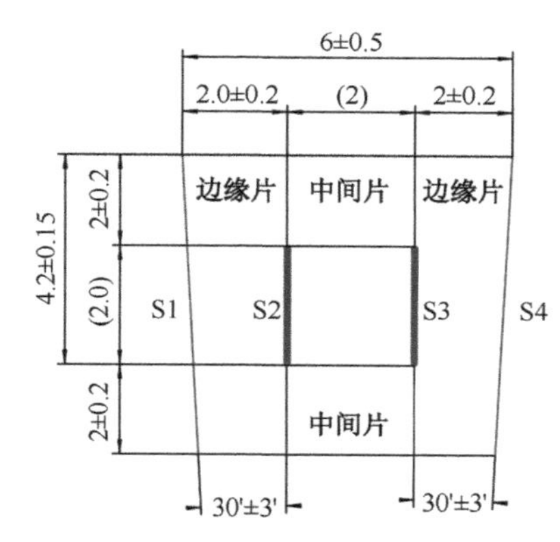

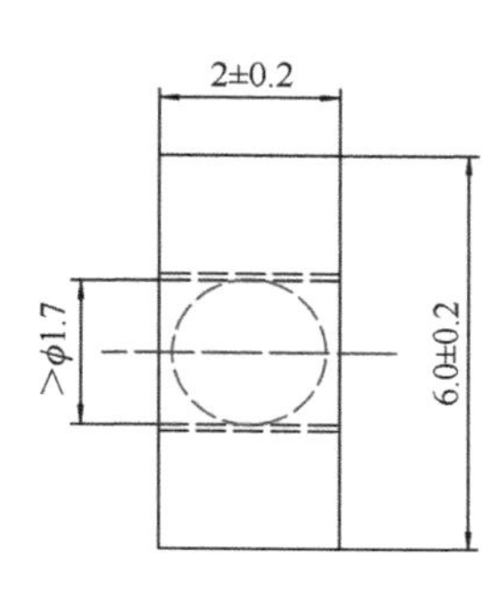

图 4-1　法珀腔结构图纸

具体的工艺流程如下。

（1）选定作为楔角片的毛坯康宁 ULE 零膨胀玻璃进行双面磨抛，工艺控制参数为光洁度 40-20，面形 $<\lambda/20@632.8\text{nm}$，平行度 < 1"。选择光洁度最优的面作为内反射表面，另一面做楔角处理，并在侧面用铅笔做箭头指向楔角面，再对楔角面进行磨抛。磨抛之后选择合适的夹具进行清洗，检查表面参数是否符合要求。最后在箭头面镀增透膜，反射率 $R<0.2\%@1550\text{nm}$，非箭头面镀高反膜，反射率 $R>99\%@1550\text{nm}$，并用分光光度计对镀膜反射率进行测试。

（2）选定作为垫片的毛坯康宁 ULE 零膨胀玻璃进行双面磨抛，工艺控制参数同上。之后进行切割，切割面倒边，最后清洗后准备光胶。

（3）在楔角片与垫片光胶之前，首先用擦拭纸蘸少许 PO 粉抛光液来回轻蹭要进行光胶的玻璃表面，作用是让表面更干净，更具有活性，有利于深化光胶和高温键合。深化光胶选取 90° 靠栅，先进行一片楔角片和两片垫片的光胶，光胶好之后再进行第二片楔角片与垫片的光胶，要求光胶层不能有气泡，若不合格则重新撬开，再按流程光胶。深化光胶之后在投影仪下检测尺寸及光洁度。检查合格后按照法珀腔烘烤流程进行高温键合。键合完成后在台灯下进行键合面气泡、麻点的确认，并用刀片敲击观察深化光胶程度。最后进行侧面整平、切割和清洗处理之后得到法珀腔成品。图 4-2 所示为法珀腔光胶工艺流程图。

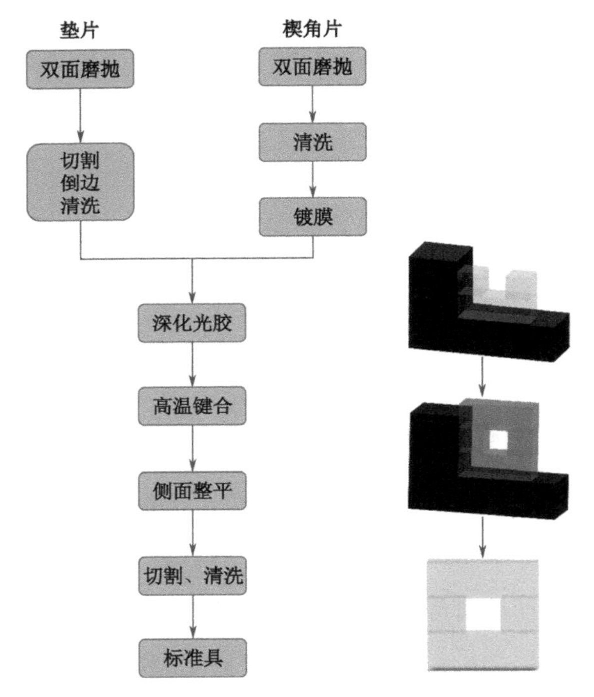

图 4-2　法珀腔光胶工艺流程图

法珀腔实物图如图 4-3（a）所示，光胶工艺可以实现法珀腔的小批量制作［如图 4-3（b）］。为了评判光胶工艺的键合质量，用场发射扫描电子显微镜（SEM）对法珀腔光胶界面的微观形貌进行测试，测试结果如图 4-4 所示。从放大倍数较低（30 倍）的 SEM 照片［图 4-4（a）］可以看出，法珀腔光胶界面光滑平整、结合紧密，没有观察到键合空洞存在。将其放大至 4600 千倍后，如图 4-4（b）所示，光胶界面依然是光滑的，没有任何空隙，说明光胶工艺的键合质量非常好。在高倍率扫描下，法珀腔表面看起来比较粗糙，是因为法珀腔的侧面没有抛光，只进行了简单的磨砂处理。

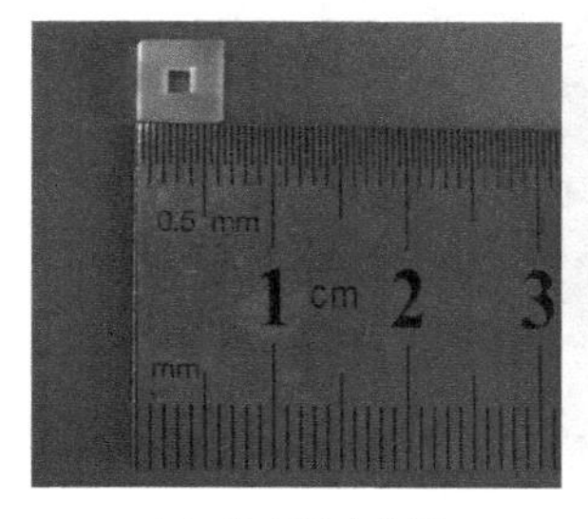

（a）法珀腔实物图

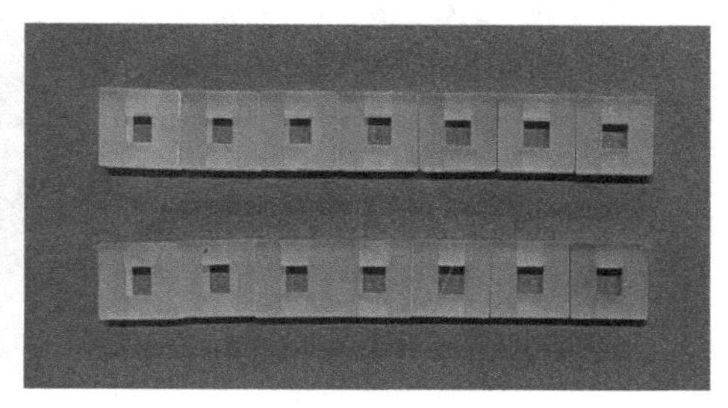

（b）具有高一致性的小批量法珀腔实物图

图 4-3　法珀腔及具有高一致性的小批量法珀腔实物图

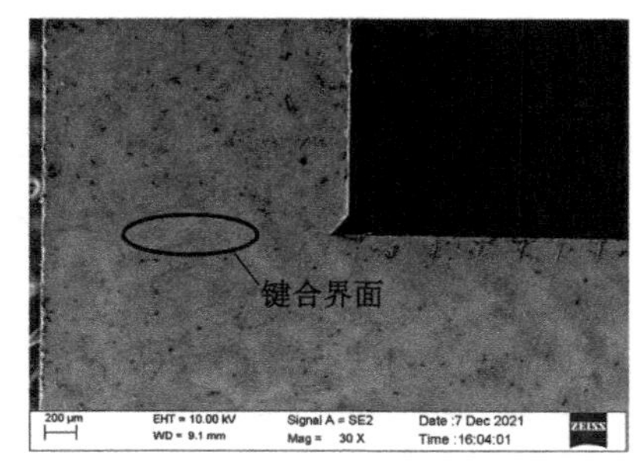

（a）放大 30 倍时的键合界面

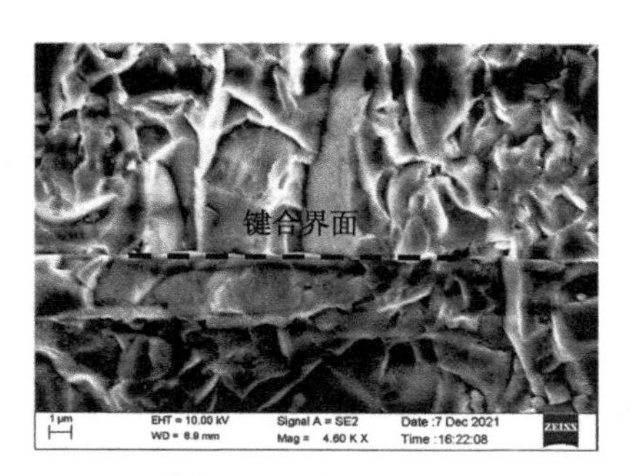

（b）放大 4600 千倍时的键合界面

图 4-4　光胶工艺后键合界面的 SEM 图片

通过扫描电子显微镜上附带的能谱仪（EDS）对光胶键合界面上的化学元素进行定性分析。如图 4-5 所示，结果表明，光胶界面上存在硅元素、氧元素和铝元素。存在铝元素是因为进行测试的这个法珀腔已经进行过谱线测试，测试时所使用的是铝制夹具，所以表面可能沾了少量的铝。法珀腔选用的是康宁 ULE 零膨胀玻璃，定义为二氧化钛硅酸盐玻璃。这里只检测到硅元素和氧元素的原因为该 EDS 只能分析待测样品表面的元素，所以没有检测到样品内部存在的元素。进行 EDS 元素分析的同时也验证了光胶工艺的加工过程没有用胶合，也没有引入新元素。

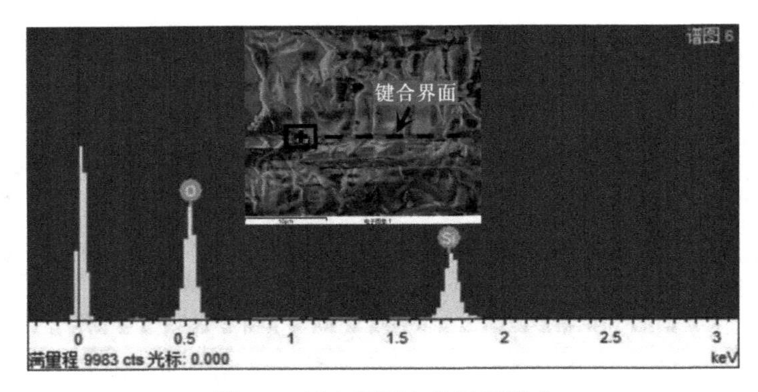

图 4-5　键合界面上的元素组成

为了得到法珀腔光胶工艺的键合强度，我们选择推力试验对其进行测试。测试过程为随机选取两个法珀腔，并根据法珀腔空气腔尺寸选择合适的推头，将推头安装到推力计上，将其置零后垂直向下作用于法珀腔的空气腔，如图 4-6 所示。由图 4-7 和图 4-8 可以得到法珀腔 1 和法珀腔 2 分别在 58.2N 和 56.4N 的推力下随机开裂，而不是在光胶面处分离，说明光胶工艺的键合强度高于推力测试结果。

（a）法珀腔 1　　　　（b）法珀腔 2

图 4-6　推力测试示意图

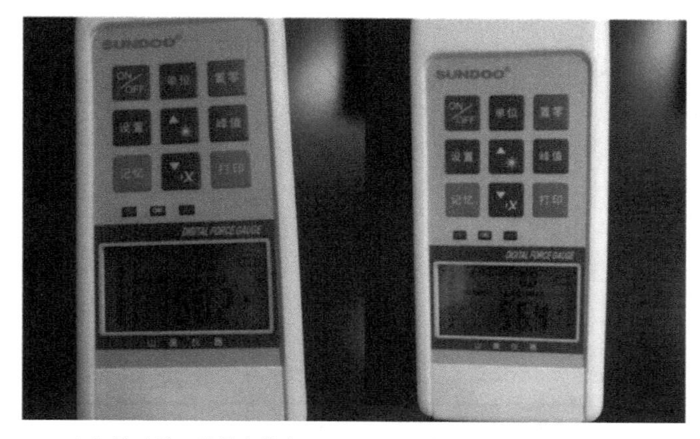

（a）法珀腔 1 的最大推力　　（b）法珀腔 2 的最大推力

图 4-7　推力测试结果

（a）法珀腔 1　　（b）法珀腔 2

图 4-8　最大推力下法珀腔随机开裂示意图

如图 4-9 所示，该工艺制作得到的法珀腔的谐振谱线非常尖锐，半高全宽只有 186.3MHz，说明法珀腔腔内可以达到很高的光学约束程度。根据激光器扫描曲线和谐振谱线的对应关系，可以计算出法珀腔的品质因数为1.04×10^{6}，相应的精细度约为 387。这表明，基于该高品质因数法珀腔的光纤声传感器将很容易实现高灵敏度和大动态范围的声探测。

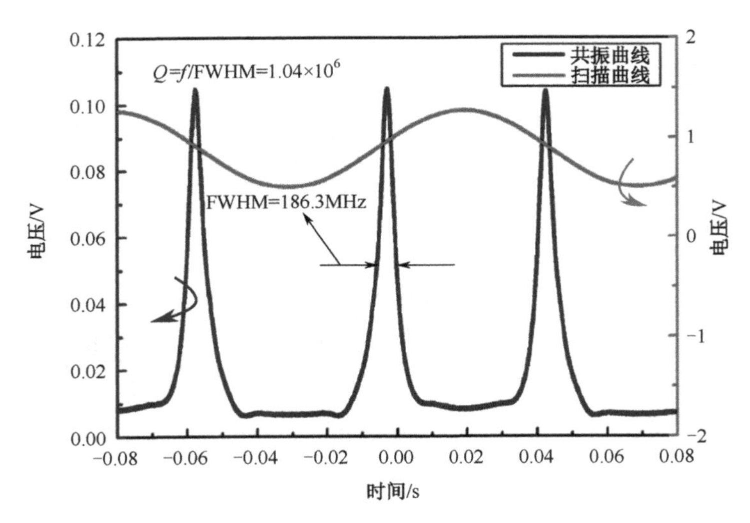

图 4-9 基于光胶工艺的法珀腔的谐振谱线

4.3 法珀腔声传感器的耦合封装

4.3.1 光纤准直器的耦合特性

光纤准直器是光纤通信系统和光纤传感系统中的基本光学器件，如图 4-10 所示。它由 1/4 节距的自聚焦透镜和单模光纤组成，其用途是对光纤中传输的高斯光束进行准直，以提高光纤与光纤之间的耦合效率，具有低插入损耗、高回波损耗、工作距离长、带宽宽、高可靠性、高稳定性、光束发散角小、质量轻和体积小等优点。这种光纤准直器既可以将光纤端面反射的发散光束变换为平行光束，又可将平行光束会聚并高效率耦合入光纤。因为高品质因数法珀腔对光路的准直度要求很高，所以本书选择光纤准直器作为光纤耦合元件进行光纤声传感器的耦合对准。

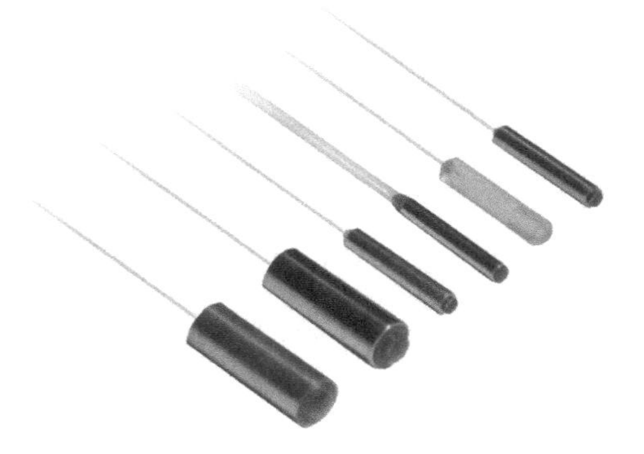

图 4-10　光纤准直器

光纤准直器的核心器件是自聚焦透镜，自聚焦透镜的实物图和折射率分布曲线如图 4-11 所示，它是一种渐变折射率透镜，它的折射率分布成中心对称，并沿径向梯度变化。在忽略高阶小量的条件下，它服从平方率分布规律[114]

$$n(r) = n_0(1 - Ar^2 / 2) \tag{4-3}$$

式中，n_0 为轴线折射率；r 为离轴距离。A 为自聚焦透镜的自聚焦常数。

$$\sqrt{A} \approx \sqrt{2\Delta} / r(\text{mm}^{-1}) \tag{4-4}$$

式中，Δ 为相对折射率差；$\sqrt{A}$ 为自聚焦透镜对光线的会聚能力，$\sqrt{A}$ 越大则自聚焦透镜的焦距（$f = [n_0\sqrt{A}\sin(\sqrt{A}z)]^{-1}$）越短，透镜的会聚能力就越强，其中 z 为自聚焦透镜的长度，$z = \dfrac{P}{4} = \dfrac{\pi}{2\sqrt{A}}$，其中 P 是节距，且 P 与 $\sqrt{A}$ 成反比。

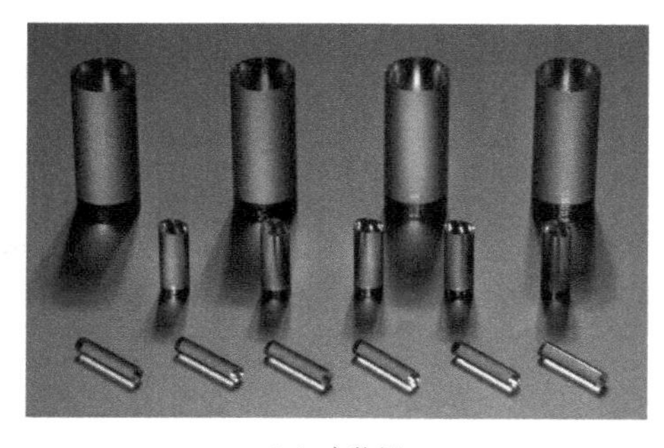

（a）实物图

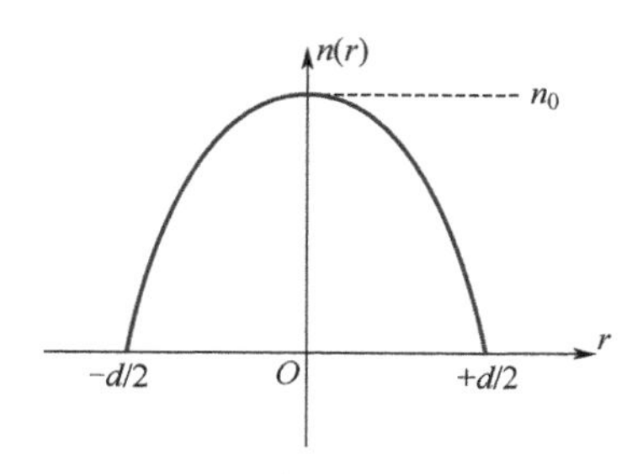

（b）折射率分布曲线

图 4-11　自聚焦透镜的实物图和折射率分布曲线

光纤准直器是由光纤与自聚焦透镜的耦合封装得到的，在光纤准直器的设计中，首先根据实际需求确定准直器的工作距离，由高斯光束传输理论确定光纤端面与透镜的间距，然后再计算工作距离处的光束直径。具体的耦合过程为：将光纤端面放置在自聚焦透镜的焦点处，使光束准直，然后在焦点附近微调光纤端面的位置得到所需的工作距离，调好后用光学胶固定光纤端面与透镜的距离得到光纤准直器。

在实际制作过程中，由于光纤与准直器的连接处存在间隙，光折射率分布不连续，因此会产生前端反射。该反射光也满足传输条件，会返回传输光路中，严重影响光学系统的工作状态和稳定性。为了解决这个问题，光纤准直器中采用斜端面的自聚焦透镜（如图 4-12 所示），因此大部分反射光将不满足光纤传输条件，即使返回光纤，也会很快逸入包层，不会影响整个光学系统，光纤准直器的回波损耗被大大提高。经理论计算，当斜面倾角为 8° 时，回波损耗可达 60dB 以上。其中，回波损耗主要来自三个面的菲涅尔反射[115]：单模光纤端面的反射、自聚焦透镜前端面的反射和自聚焦透镜后端面的反射。

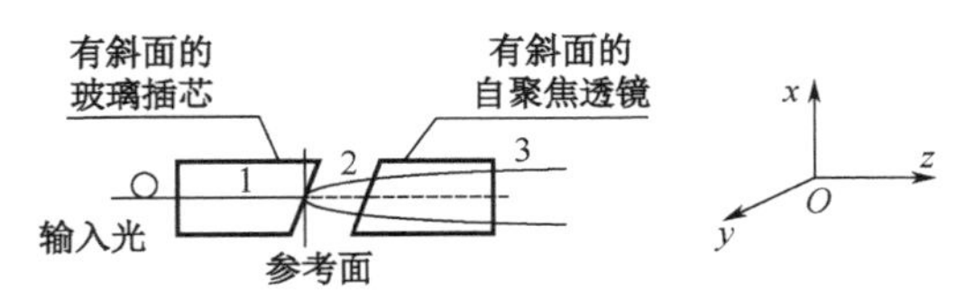

图 4-12　斜端面的自聚焦透镜

本书中，我们所需的光纤准直器工作距离为6mm，因此选择了如下参数的光纤准直器（见图 4-13），中心波长为1550nm，工作距离为 6mm，插入损耗≤0.25dB，回波损耗≥55dB，最大光束直径为(300±30) μm，光束发散度≤0.6°，光束偏离角为±0.5°，可以满足光纤声传感器的耦合要求。

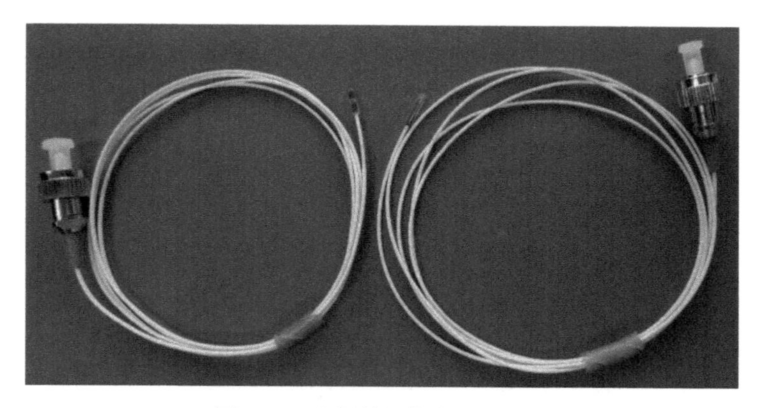

图 4-13　实际使用的光纤准直器

4.3.2　光纤准直器与法珀腔的耦合对准

具有高镜面反射率的法珀腔要实现谐振，除了要保证法珀腔两镜面内表面高度平行，还要使入射光束相对镜面内表面的垂直性较好。而且，要得到基于法珀腔的光纤声传感器需要进行光纤与法珀腔的耦合。对于普通光纤来说，很难对准以实现准直的光路，而两个光纤准直器实现最佳耦合后，两者之间的光路可认为是准直的，这时将法珀腔放入两个光纤准直器之间，并调节法珀腔的相对位置，即可得到法珀腔的谐振谱。因此，光纤准直器与法珀腔的耦合对准过程分为两步：第一步是两个光纤准直器的耦合对准，第二步是光纤准直器与法珀腔的耦合对准。

两个单模光纤准直器耦合时，准直器的失配会让单模光纤之间产生附加损耗[116-117]，两个光纤准直器之间的失配原因为：①离轴距离；②角度偏差；③轴向间距，如图 4-16 所示。

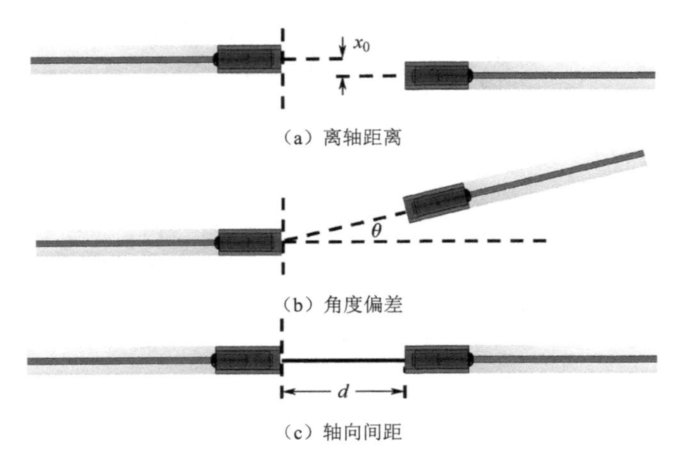

图 4-14　光纤准直器之间的耦合示意图

当自聚焦透镜的长度为 1/4 节距时，即 $\sqrt{A}z=\dfrac{\pi}{2}$，根据模场耦合理论，光场分布为 ϕ_1 的高斯光束与 ϕ_2 的高斯光束的耦合效率：

$$\eta=\frac{\left|\iint \phi_1\phi_2\,\mathrm{d}s\right|^2}{\iint\left|\phi_1\right|^2\mathrm{d}s\iint\left|\phi_2\right|^2\mathrm{d}s} \tag{4-5}$$

运用高斯光束传输理论，经进一步推导，可分别得到光纤准直器在离轴耦合、偏角耦合及间距耦合三种情况下，光纤与光纤间的耦合效率，如下式所示。

（1）两光纤准直器的离轴耦合

$$\eta_a=\exp\left[-\left(\frac{n_0\sqrt{A}\pi x_0\omega_0}{\lambda}\right)^2\right] \tag{4-6}$$

（2）两光纤准直器的偏角耦合

$$\eta_b=\exp\left[-\left(\frac{\theta}{n_0\sqrt{A}\omega_0}\right)^2\right] \tag{4-7}$$

（3）两光纤准直器的间距耦合

$$\eta_c = \frac{4\left(1+\varepsilon^2\right)}{\left(2+\varepsilon^2\right)^2} \tag{4-8}$$

$$\varepsilon=\frac{{n_0}^2 A\pi d {\omega_0}^2}{\lambda} \tag{4-9}$$

式中，ω_0 是高斯光束的模场半径；λ 是高斯光束的波长；d 是两个光纤准直器之间的距离；x_0 是两个光纤准直器的轴间间距；θ 是两个光纤准直器之间的角度。

根据式（4-6）、式（4-7）、式（4-8）和式（4-9），利用 MATLAB 可以计算得到单模光纤准直器的耦合损耗，如图 4-15 所示。计算时选用的自聚焦透镜节距为 0.23P，直径为 1mm，$\lambda = 1550\text{nm}$，$n_0 = 1.5910$，$\sqrt{A} = 0.3885\text{mm}^{-1}$，$\omega_0 = 4.7\mu\text{m}$。

图 4-15（a）是光纤准直器的离轴耦合损耗与离轴距离的关系曲线（离轴耦合损耗），增加两个光纤准直器的离轴间距，光纤准直器的耦合损耗会增加，而且离轴间距小于 0.05mm 时，改变离轴间距，光纤准直器的耦合损耗变化不大。当离轴间距大于 0.1mm 时，耦合损耗与离轴间距几乎成线性关系；当离轴间距为 0.5mm 时，理论计算得到离轴耦合损耗为 37.64dB。在我们设计的六维电动光纤耦合系统中，可以很精确地把离轴间距控制在小于 0.02mm，此时损耗小于 0.06dB。

图 4-15（b）是光纤准直器的偏角耦合损耗与偏角的关系曲线（偏角耦合损耗）。可以看出，光纤准直器耦合效率对角度非常敏感，两个准直器之间稍微有点儿偏离角，其耦合损耗就会发生很大变化。当两个光纤准直器的偏角为 0.2° 时，耦合损耗达 6.27 dB。因此，六维电动光纤耦合系统中加入了两个旋转轴，在进行光纤准直器耦合时，可以精确实现两个光纤准直器的角度匹配。

图 4-15（c）是光纤准直器的间距耦合损耗与轴向间距的关系曲线（间距耦合损耗）。可以看出，光纤准直器的耦合对一定范围的轴向间距不太敏感。在轴向间

距小于 10mm 时范围内，沿轴向增加两个光纤准直器间距时，其间距耦合损耗值基本没有变化，超过该范围后才逐渐变大。因此，我们将尺寸为 6mm×6mm×2mm 的法珀腔放入耦合对准好的两个光纤准直器中，并不会影响二者的耦合损耗。

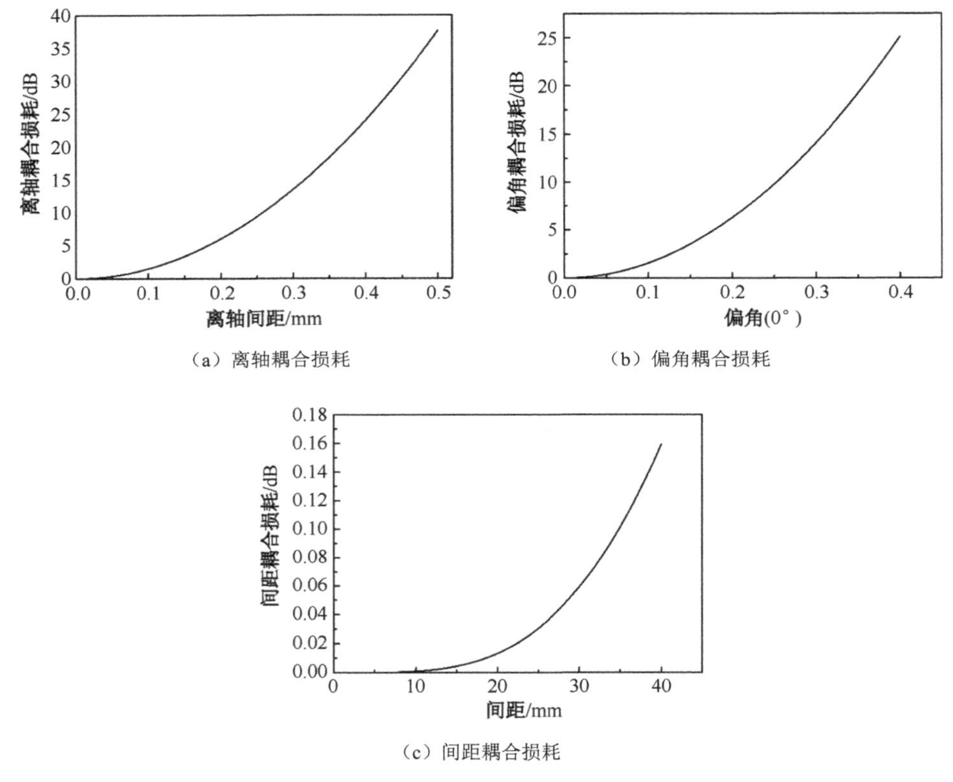

（a）离轴耦合损耗

（b）偏角耦合损耗

（c）间距耦合损耗

图 4-15　单模光纤准直器的耦合损耗

如图 4-16 所示为我们设计的六维电动光纤耦合系统，由三组位移台组成，图 4-16（c）、（d）所示的电动位移台用于光纤准直器的耦合对准，图 4-16（b）所示的电动位移台用于固定和调节法珀腔。其中，图 4-16（b）、（d）所示的位移台均由两个电动旋转轴组成，都分别绕 y 轴和 z 轴旋转。图 4-16（c）所示的位移台由两个电动平移轴组成，分别沿 y 轴和 z 轴平移。这六个电动轴可以通过上位机软件实现超精细调节，图 4-16（b）所示的两个旋转轴的调谐精度分别为 0.0000156°和 0.00008°，图 4-16（d）所示的两个旋转轴的调谐精度分别为 0.000012°和 0.0000156°，图 4-16（c）所示的两个平移轴的调谐精度分别为 0.000005mm 和 0.000015mm。

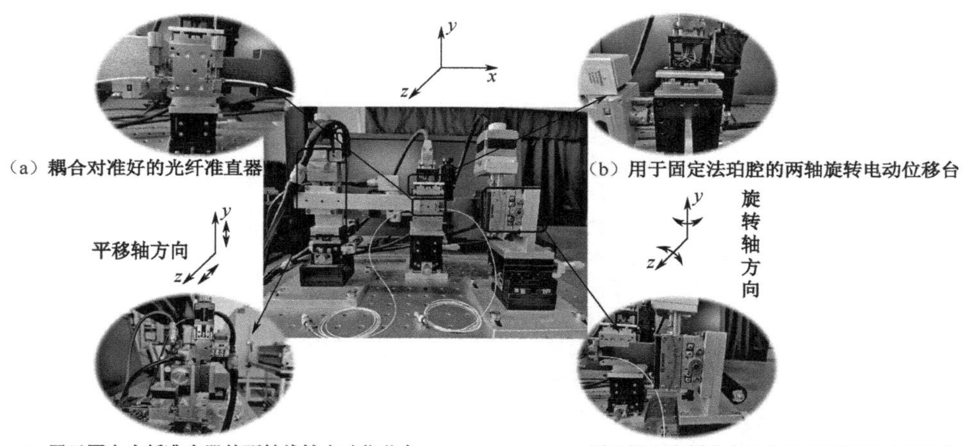

图 4-16 六维电动光纤耦合系统示意图

光纤声传感器的耦合对准过程：先将两个光纤准直器对准，这个对准过程是自动的，自动对准程序设定最佳耦合损耗小于 0.1dB，通过寻找每个轴向的一个最优的功率点实现两个光纤准直器的耦合，耦合对准好的两个光纤准直器如图 4-16（a）所示。两个光纤准直器对准之后，将法珀腔放入其间准直的光路中，先调节如图 4-16（b）所示的位移台的两个旋转轴来微调法珀腔在准直光路中的位置得到初始的谐振谱线，如图 4-17（a）所示，然后再分别微调两个光纤准直器的位置优化谐振谱线，最终得到半高全宽最窄、幅值最大的谱线，如图 4-17（b）所示。图 4-18 所示是耦合对准好的光纤准直器和法珀腔示意图。

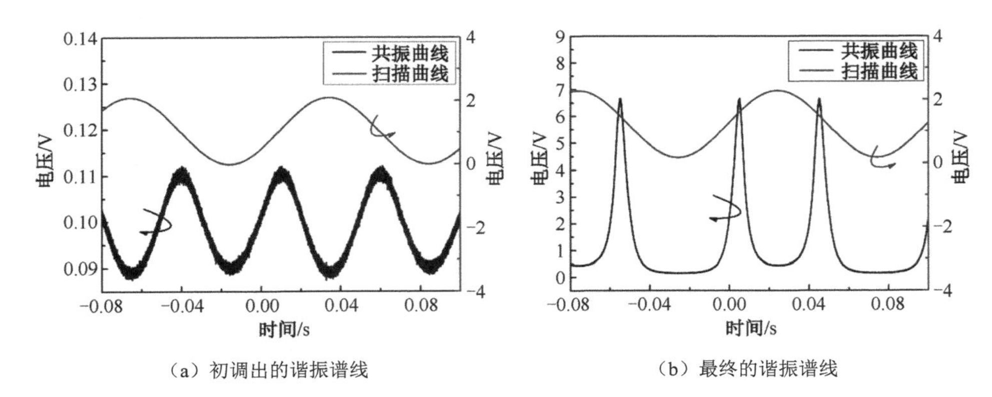

（a）初调出的谐振谱线　　（b）最终的谐振谱线

图 4-17　耦合对准过程中的谐振曲线变化

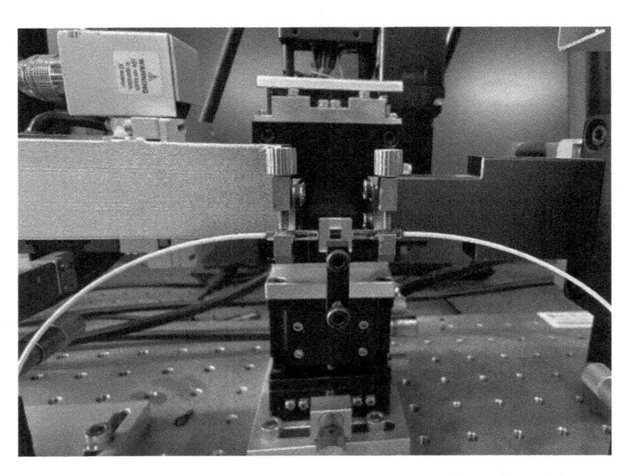

图 4-18　耦合对准好的光纤准直器和法珀腔示意图

4.3.3　法珀腔声传感器的封装

在实现光纤准直器与法珀腔的耦合对准后，在光纤准直器最外层玻璃管的侧壁上涂一层薄薄的紫外光胶，以 x 轴调节两个光纤准直器的水平位置使其与法珀腔的两个镜面贴在一起，用 200W 紫外灯照射进行第一轮的固化封装。初步固化之后再在玻璃管与法珀腔接触面边缘处点胶进行进一步的固化，即可得到微光纤声传感器。

为了方便对光纤声传感器进行性能测试及提高其环境适应性，需要对其进行封装，主要是对传感单元部分进行封装。由于传感单元形状不规则，直接设计整体封装结构比较复杂，为了降低设计复杂度，我们为其设计了两层封装结构。第一层封装结构如图 4-19 所示，该结构中间开有通声孔，两侧开有光纤外径大小的孔洞，对传感单元附近的光纤起到约束固定的作用，上下两个外壳结构尺寸完全一致，通过螺钉将其紧固在一起对光纤声传感器起到进一步的固定作用。选择透明光敏树脂材料，利用 3D 打印技术得到该封装外壳，将其与光纤声传感器进行组装，组装后光纤声传感器如图 4-20 所示，该结构适用于光纤声传感器的室内标定测试。

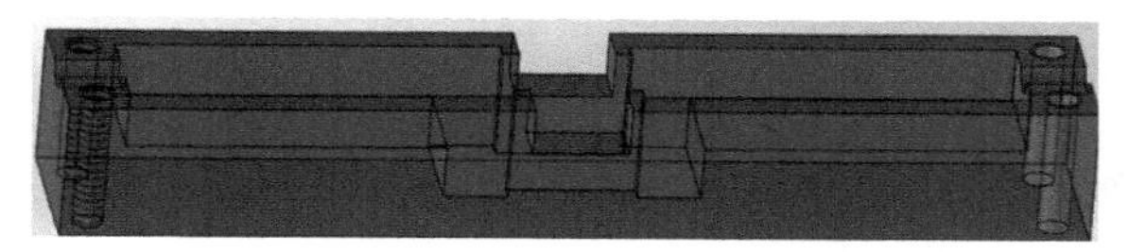

（a）单个外壳结构

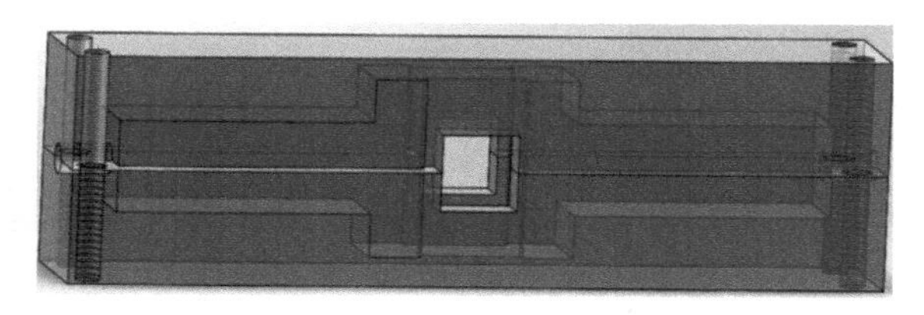

（b）装配好的外壳结构

图 4-19　透明树脂外壳封装结构示意图

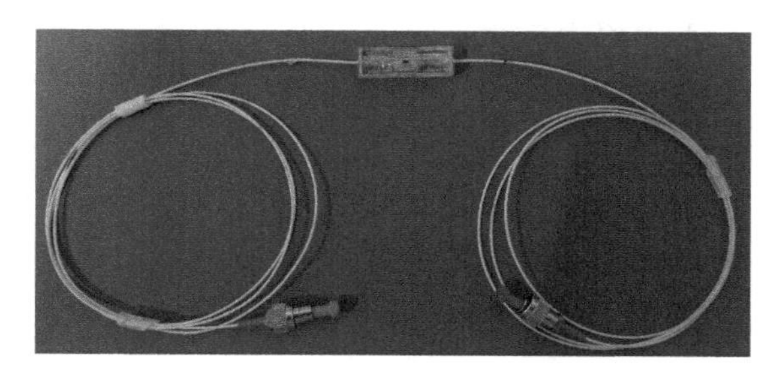

图 4-20　透明树脂外壳封装的光纤声传感器

为了提高光纤声传感器的环境适应性，金属封装外壳是必需的，即我们所设计的第二层封装结构。如图 4-21（a）所示，这个封装结构是一个圆柱形结构，中间留有透声孔，圆柱形结构的两侧内壁加工有螺纹和固定光纤的槽。在实际封装的过程中，先在透声孔位置安装防尘网，然后把带有透明树脂外壳的光纤声传感器放入金属圆柱外壳内，两侧分别用螺钉固定，完成光纤声传感器的最终封装，如图 4-22 所示。完成这两层封装的光纤声传感器可在外界环境中测试，如高声压级噪声的现场测试等。

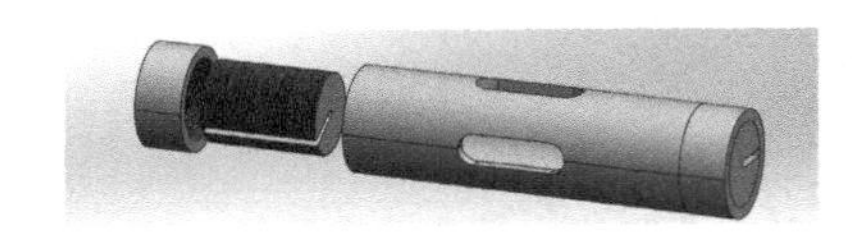

（a）Solidworks 机械图

（b）实物图

图 4-21　金属封装外壳

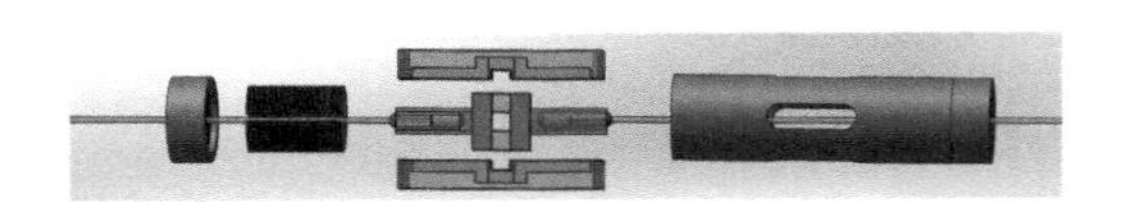

（a）光纤声传感器全封装过程示意图

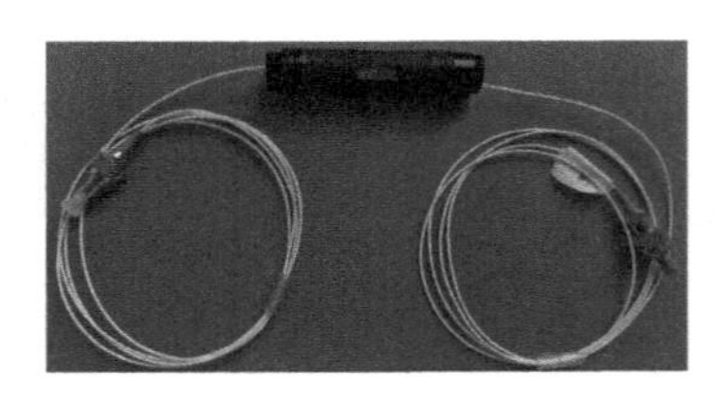

（b）金属外壳封装的光纤声传感器

图 4-22　光纤声传感器封装示意图

第5章 基于直接键合工艺的法珀腔制备方法

基于 MEMS 直接键合工艺可制备得到耐高温的紧凑型光纤法珀腔，并有潜力实现高灵敏度和大动态范围的声探测。本章通过分析法珀腔直接键合工艺的原理，阐述了石英玻璃材料制造耐高温法珀腔的优势；设计并加工了一致性高、可以批量化生产的微型法珀腔；并利用扫描电子显微镜进行观测，以及利用精密荷重试验机进行拉伸强度测试，证明法珀腔的键合强度极佳，还对加工完成的法珀腔进行了光学特性的研究。

5.1 室温自发预键合

5.1.1 预键合模型

在常温下，将完成清洗工艺之后的多个石英玻璃片在大气环境下彼此接触，多个石英玻璃片由于分子之间的力导致彼此吸引，从而实现了石英玻璃片的预键合。预键合的作用力基本上是由石英玻璃片之间的范德华力及氢键组成的。

范德华力是分子之间的一种相对较弱的吸引力，约比化学键小 1 个数量级以上。凭借范德华力，无须中间层的帮助，几块石英玻璃片彼此接触，便可以自发完成直接键合。若石英玻璃片的接触面的表面粗糙度及起伏足够低，当几个石英玻璃片紧密接触在一起时，仅凭借范德华力便可以实现键合[118]。然而，现实中较为廉价的加工方式加工得到的石英玻璃片的表面粗糙度及起伏难以达到预期。若要达到预期效果，花费将非常高昂。由于仅利用石英玻璃片彼此之间的范德华力完成键合的想法难以实现，因此可将石英玻璃片彼此之间的接触界面进行一定的预处理，以便顺利完成键合工作。

氢键是指与电负性极强的元素X相结合的氢原子和另一分子中电负性极强的原子之间形成的一种弱键，可以表示成 X—H⋯Y，其中 X—H 代表强烈的化学键，而较弱的 H⋯Y 就是氢键。很多含氢的物质里都具有氢键，它键能的大小适中，比范德华力略大，借助其完成键合是目前研究的热点话题之一，其中表面活化是重要的研究方向之一。对石英玻璃片的表面进行活化处理之后，其键合界面将会悬挂羟基基团，这样羟基基团便能利用氢键将几个石英玻璃片键合在一起，而无须中间层的辅助，这便是表面键合理论之一[119]。两个石英玻璃片直接利用氢键连接示意图如图 5-1 所示。

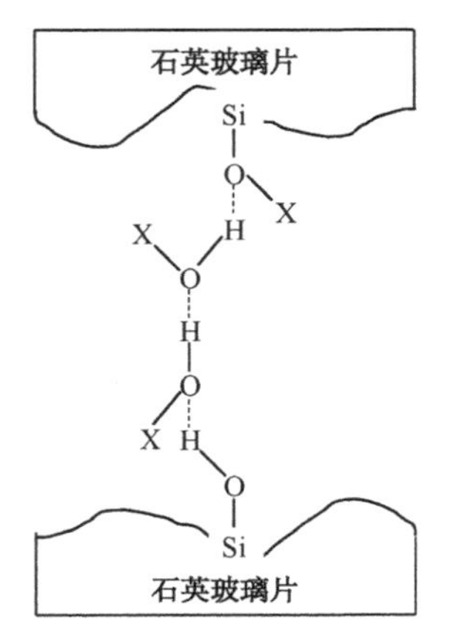

图 5-1　两个石英玻璃片直接利用氢键连接示意图

由于 O—H 共价键的长度为 0.096nm，O…H 的长度为 0.276nm，而通过氢键连接在一起的分子数理论上最大是三个，否则勉强结合在一起，也有很大的概率会再次分开。此外，O—H 共价键与 O…H 氢键之间存在一定的夹角，二者不在一条直线上。故而综上所述，凭借氢键结合在一起的长度最好保持在 1nm 之内，换句话说，石英玻璃横截面的粗糙度应该低于 0.5nm。因此，本书选择粗糙度低于 0.3nm 的石英玻璃片。

5.1.2　预键合关键工艺

为了直接键合这步工艺流程可以顺利完成，石英玻璃片的翘曲度、颗粒污染物和粗糙度等参数均需达标才可以，否则有可能导致石英玻璃片难以键合在一起，即便勉强完成了键合，也很可能会有许多空洞存在。

凭借共聚焦显微镜等仪器观测石英玻璃片会发现，看似平整的表面仍具有一定的翘曲度。从理论层面上说，石英玻璃片完成键合需要克服弹性形变，当石英玻璃片的翘曲度较大时，其需要克服弹性形变做的功也较大，因此就难以完成键合[120]。目前的研究表明，若要完成键合，石英玻璃片的翘曲度应该限制在 20μm 以内。为谨慎起见，本书使用的石英玻璃片的翘曲度均限制在 10μm 以内。

除此之外，当石英玻璃片的厚度差距较大时，其自发键合的可能性相对更大一些[121-122]。因此，本书在满足设计要求的情况下，选用的三种石英玻璃片的厚度分别为 0.5mm、1mm、1.5mm。

颗粒污染物也会对直接键合产生巨大的影响。直接键合对于表面粗糙度的要求是低于 0.5nm，而颗粒污染物的直径一般远大于 0.5nm，有可能会达到几百纳米甚至微米量级，这便导致有发生应力集中的可能性，对于后续制备“三明治”式敞口法珀腔结构的影响很大，有可能使得法珀腔失效。

因此，石英玻璃片键合之前应当尽量去除其表面的颗粒污染物。虽然清洗间的洁净度达到了千级，但由于处于工艺间的研究人员便是最大的污染源，因此空气中依然飘浮着颗粒污染物，这些污染物有可能在键合处理过程中贴附到石英玻璃片之上，导致石英玻璃片之间出现缝隙，从而使键合的某些位置形成空洞。而键合玻璃片中的空洞区很可能会导致制备完成的法珀腔在使用过程中出现各种问题，甚至有一定概率出现已经键合完成的法珀腔再次分离的现象。颗粒污染物引起的键合界面位置处的空洞半径能用下面这个公式来表示：

$$R=\left(\frac{2Ed^3}{3\gamma\left(1-v^2\right)}\right)^{1/4}h^{1/2} \tag{5-1}$$

式中，E 为两个石英玻璃片的杨氏模量；v 为泊松比；γ 为界面能；h 为颗粒半径；d 为石英玻璃片的厚度，这里假设石英玻璃片厚度相同。对石英玻璃片直接键合，将石英玻璃的参数 $E=73.1\text{GPa}$、$v=0.17$ 代入式（5-1）中可以计算出，在 500μm 厚的石英玻璃片中仅仅 1μm 的颗粒污染物便会导致将近 3mm 直径的界面空洞。而头发的直径是 90μm 左右，与 1μm 的颗粒污染物相比高出近两个数量级。最终制成的法珀腔也是毫米级的，半径为 1.5mm 的界面空洞将对键合效果产生致命的影响。由此可以得出，界面上哪怕是极小的颗粒污染物都会对键合产生重大的影响。而清洗过程能消除绝大部分颗粒污染物，故而键合前的化学清洗工作做得是否彻底对于键合的成功与否至关重要。

因为键合所需的石英玻璃片的表面粗糙度应该低于 0.5nm，所以虽选择了表面粗糙度低于 0.3nm 的石英玻璃片，但为了保证键合的成功率，应进一步降低该值对键合的影响。氧等离子体活化过程能产生纳米量级的损伤层，以此可以作为预键合过程中所需要的储水层，并可以辅助预键合位置处分子的扩散，使其速度加快，大大减少了由于粗糙度而导致的不良影响。在活化过程中，可以借助溅射来消除石英玻璃片上残留的颗粒杂质，从而再次降低表面颗粒污染物的数量，使得预键合的成功率增大，还使石英玻璃片表面的非桥接原子得以远离成键原子，从而产生许多不饱和的悬挂键。将石英玻璃片放入甲醇溶液时，键合面会因此而吸附很多羟基基团，这将使得凭借氢键连接石英玻璃片时更为便捷，也能更好地促进键合的完成。

5.2 直接键合材料特性分析

由于本书中制备的法珀腔在未来将用于高温下的声测试，故而在设计之初便将材料定为耐高温性能良好的石英玻璃。石英玻璃是由水晶、石英砂等材料经过高温熔化迅速冷却制成的一种材料，它的成分主要是一种无机物，即二氧化硅（SiO_2），其每两个硅原子同一个氧原子相结合，是典型的原子晶体。石英玻璃中 SiO_2 的纯度很高，其含量一般在 99.9%以上。由于其拥有稳定的化学结构及化学性质，故在各行各业中都有特别广泛的应用。并且，石英玻璃可以在 1000℃高温下正常使用，耐高温特性卓越。石英玻璃是各向同性的物质，因此它在高温环境下不存在因形变的程度不同而产生的残余应力，无须考虑直接键合的过程中界面形变甚至失效。由于石英玻璃的光学性质相对比较优良，因此它是制备光器件的重要材料之一。此外，法珀腔在使用过程中会用到折射与反射，故而需要利用透明的石英玻璃。石英玻璃分子结构稳定性较高。石英玻璃对于酸有很强的耐性，并且与水、非碱性盐类均不发生反应，因此借助其制备的敏感元件抗腐蚀能力极佳。同时，石英玻璃材料虽然抗冲击强度较差，但是其硬度高，抗压强度极高，其他力学性能也比较优异[123]。

目前，常用的石英玻璃材料包括气炼石英玻璃、电熔石英玻璃、熔融石英玻璃等。本书制备的法珀腔在后续加工过程中需要进行激光打孔，由于气炼石英玻璃内部的羟基比较高，在激光打孔的工艺加工过程中容易开裂，而电熔石英玻璃的价格相对较高，故本书选用熔融石英玻璃进行法珀腔的制作。表 5-1 所示是熔融石英玻璃的部分力学性能参数。

表 5-1　熔融石英玻璃的部分力学性能参数

密度/(g/cm^3)	弹性模量/GPa	泊松比	抗压强度/MPa	抗拉强度/MPa	抗弯强度/MPa	莫氏硬度
2.201	7.25	0.17	1150	50	67	5.5～6.5

热膨胀系数对于耐高温敏感元件测量结果有一定的干扰。表 5-2 所示是常见耐高温材料的平均线性热膨胀系数。从表中可以直观地看出，石英玻璃的热膨胀系数只有 0.5×10^{-6}/K，与表中其他物质相比整整小了一个数量级，因此它作为耐高温敏感元件的制作材料效果更佳。

表 5-2　常见耐高温材料的平均线性热膨胀系数

材料名称	石英玻璃	Al_2O_3	SiC	ZrO_2	TiC	刚玉瓷
平均线性热膨胀系数/10^{-6}/K	0.5	8.8	4.7	10	7.4	5～5.5

图 5-2 所示为石英玻璃线性热膨胀系数与温度之间的关系。从图中可直观地

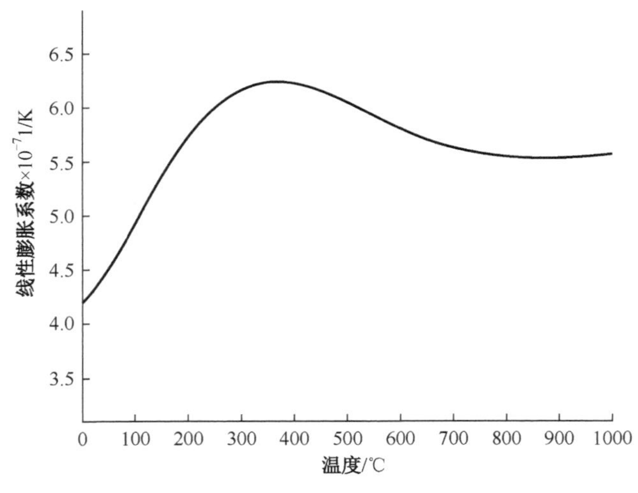

图 5-2　石英玻璃线性热膨胀系数与温度之间的关系[123]

看出，其在从室温到 600℃的区间之内线性热膨胀系数虽有一定的波动，但变化较小。因此，石英玻璃是制作耐高温敏感元件的最佳材料之一。因此，对之前描述的多种性能进行综合分析，石英玻璃从众多物质中脱颖而出，非常适合制备耐高温敏感元件。

5.3 直接键合法珀腔制备

5.3.1 “三明治”式敞口法珀腔结构设计

本书所设计的全固态紧凑型法珀腔主要由三层石英玻璃片直接键合而成的“三明治”式石英玻璃结构、石英玻璃插芯和单模光纤三部分构成，整体结构如图 5-3 所示。其原理为，由激光器发射的光借助光纤耦合进入法珀腔内，“三明治”式石英玻璃结构中的下层是法珀腔的一个反射面，玻璃插芯中内插光纤尾端端面是另一个反射面。光在法珀腔的内部来回反射，从而形成了多光束干涉，这里部分反射光沿着原路返回，相遇后发生干涉。法珀腔为全固态结构，当外界条件发生改变时，法珀腔的腔长不发生变化。

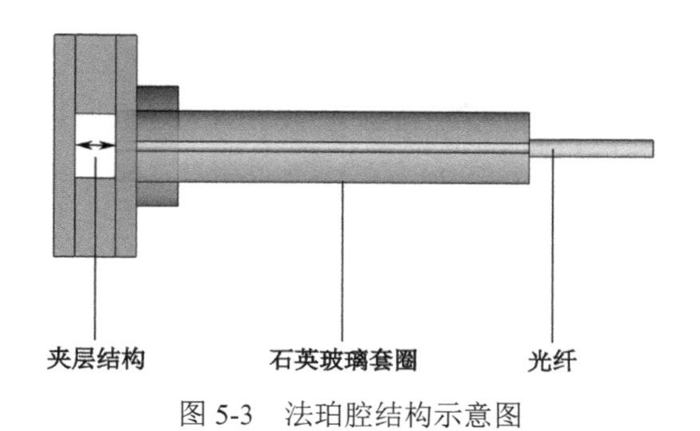

图 5-3　法珀腔结构示意图

本书在设计时考虑到石英玻璃插芯若在没有凸台的情况下直接插入“三明治”式石英玻璃结构中，插入的深度仅有0.5mm，相比于其自身6.8mm的长度而言太短，其在使用过程中容易由于杠杆原理而导致石英玻璃插芯或者“三明治”式石英玻璃结构发生破裂，故添加了一个内径为1.8mm、外径为3mm、厚度为0.6mm、长度为1mm的凸台作为保护。凸台的存在可以使未来利用金属外壳铠装的封装过程方便快捷，除此之外还可以降低“三明治”式石英玻璃结构的质量与大小，使其既可以适用于在对质量和大小要求严格的航空航天领域，也可发展成为手机中的麦克风。在设计中，令“三明治”式石英玻璃结构中空气腔的宽度略小于玻璃插芯的直径的好处是，当玻璃插芯插入“三明治”式石英玻璃结构中，玻璃插芯通过上层玻璃片的孔到达中层的槽（即空气腔的上方）时，槽的宽度比玻璃插芯的直径窄，使得玻璃插芯无法继续深入，卡在空气腔的上方，以此便能精确控制法珀腔的腔长。

由于法珀腔在未来将应用于高温恶劣环境，如果“三明治”式石英玻璃结构、插芯与光纤使用的材料不一致，则很可能因为热膨胀系数不同，导致其热应力失配，从而导致法珀腔出现一系列问题。因此，三者均选择石英玻璃材料进行制作。由于需要在高温下进行键合且将来在高温情况下进行应用，使得石英玻璃片表面无法镀增透膜和增反膜。

石英光纤作为一种复合材料，是由内层的纤芯及包层、外涂覆共同组合而成的。光纤中的纤芯及包层的材质是石英，可以在1000℃的高温下正常使用。常规光纤的外涂覆层可以耐受的温度通常在−65～85℃。如果长期在温度高于85℃的环境中使用，丙烯酸树脂会发生热氧老化。此外，丙烯酸树脂在高温环境中会生成对光纤具有腐蚀效果的氢气，最终导致光纤失效[124]。普通光纤在高温中由于涂覆层的缺失，机械强度也会大幅下滑，在这种情况下便很容易被折断[125]。

目前，国内最佳的耐高温涂覆层是聚酰亚胺光纤，其能够在300℃的环境中正常使用，但相对于动辄上千度的高温环境仍差强人意。尽管国外最新研发的蓝宝石光纤可以在 1000℃的高温下正常使用，但蓝宝石材料与石英玻璃插芯之间可能会出现由于热膨胀系数不同而引发的各种问题。综上，本书最终使用国外制造的涂覆层为铜的光纤，它可以在 600℃的高温下正常使用。这种光纤的总体直径约为 150μm，铜涂覆层的厚度约为 15μm。此外，其裸光纤的强度相对于普通石英光纤较强，在后续过程中剥离铜涂覆层之后强度依然较为可观。

5.3.2　石英玻璃 MEMS 直接键合工艺

键合技术其实就是一种连接技术，只是其范围会更大一些。本书中用到的直接键合，是指两片表面光滑原子级平整的石英玻璃片黏合在一起形成微型法珀腔的结构的过程。与焊接技术相比，该方法对材料的伤害性较小，工艺更加温和，不会破坏材料原有的结构，可以有效维护其内部结构的稳定性和电子特性[126、127]。本书中进行的直接键合的流程包括表面清洁、表面活化、室温键合、水层重分布、高温强化等。

本书将三层石英玻璃片直接键合在一起形成全石英玻璃的法珀腔。按照如图 5-4 所示的石英玻璃设计稿，利用激光打孔技术加工熔融石英得到所需的三种石英玻璃片，即裸玻璃片、开槽玻璃片和通孔玻璃片。

选用的三种玻璃片的厚度依次递增，分别为 0.5mm、1mm、1.5mm。石英玻璃片直径设计为 2 英寸（1 英寸=2.54cm），三种玻璃片的左右两侧均设计了小孔，起到了定位对准的作用。由于实验中的石英玻璃片厚度较薄，且石英玻璃易碎，再加上开槽玻璃片中间存在一个隙层。若通孔之间的距离过小，则在后续划片时易产生裂隙甚至开裂，但若间距过大，又会浪费材料。因此应合理设置通孔之间的距离。最终将其间距定为 7mm，通孔直径为 1.8mm，共计 21 个通孔，并且开槽玻璃片的槽的宽度比通孔直径略小，为 1.7mm。这样设计的原因是，当玻璃插芯插入“三明治”式石英玻璃结构中时，槽的宽度比玻璃插芯的直径窄，使玻璃插芯无法继续深入，卡在空气腔的上方，以此便能便捷、精确地控制法珀腔的腔长。

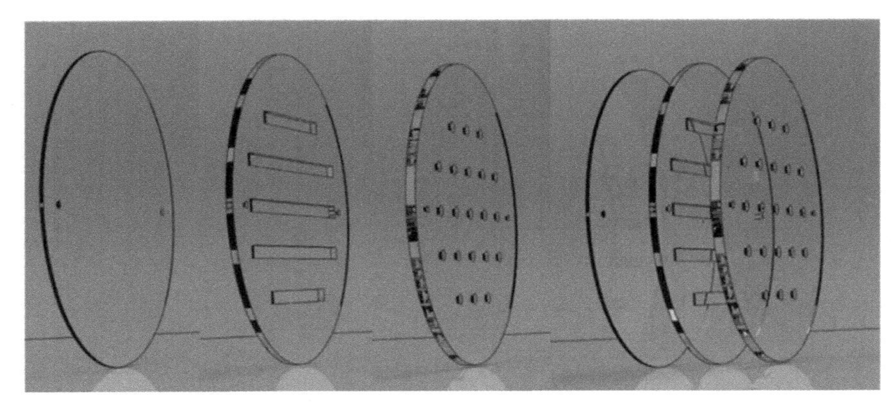

（a）裸玻璃片　（b）开槽玻璃片　（c）通孔玻璃片　（d）键合次序

图 5-4　石英玻璃设计稿

由于设计法珀腔时在“三明治”式石英玻璃结构的中间位置有空气腔存在，若先将玻璃片划片之后再进行键合，那么位于键合中间位置的开槽玻璃片将由一个整体分裂为两个，如图 5-5 所示。

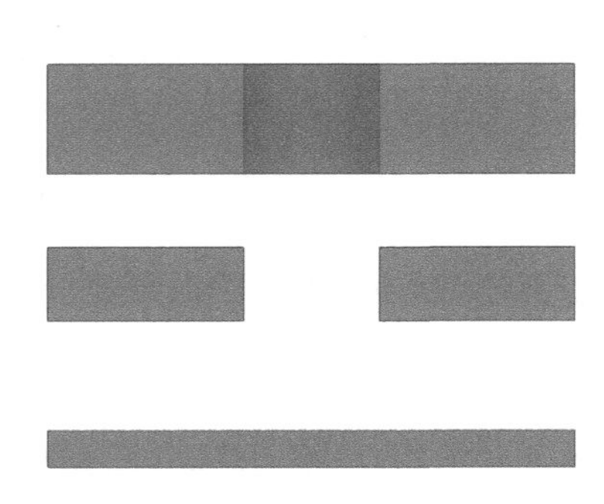

图 5-5　划片后键合的示意图

在这种情况下，难以确保开槽玻璃片的左右两侧在键合过程中一直与上下两个玻璃片的两侧保持齐平，键合的难度会增大。因此，本书选择先完成石英玻璃片的直接键合，然再进行划片。

只有当裸玻璃片和开槽玻璃片实现了完美键合，方可确保单模光纤插入后形成的法珀腔的光路传输不受影响。对于三个石英玻璃片的直接键合，本书设计了两种方法：一种是先把裸玻璃片和开槽玻璃片键合，然后和打孔玻璃片键合；另一种是将裸玻璃片、开槽玻璃片及打孔玻璃片同时键合。考虑到前面的方法在裸玻璃片和开槽玻璃片键合后，和打孔玻璃片再次键合时，第一步高温键合时导致的翘曲变形及表面污染杂质会使得键合效果变差，并且再次施加压力时玻璃片容易破裂，因此，本书最终选择将三层石英玻璃片一次性键合的工艺方案。具体流程如下。

石英玻璃片的清洗及预键合均在室温下洁净度达到千级的超净室中完成。在对石英玻璃片进行清洗之前，先用无水乙醇溶液对所有实验要用到的烧杯、量筒、镊子、玻璃缸、聚四氟乙烯花篮和石英花篮等实验用具进行清洗，以尽量减少实验用具的表面颗粒物及污渍对后续过程中石英玻璃片的影响。

石英玻璃片的化学湿法清洗包括有机清洗和无机清洗。有机清洗需使用超声波清洗石英玻璃片，其间，按次序加入丙酮溶液、异丙醇溶液和乙醇溶液中，各持续 5min。同时为了避免残余的有机污渍附着于玻璃表面，需使用去离子水进行冲洗。丙酮相比无水乙醇，对有机污渍的清洁更为彻底。异丙醇的作用是消除丙酮，其相比乙醇而言，去除丙酮的能力更强。乙醇去除掉异丙醇之后，利用去离子水去除乙醇，以实现玻璃片表面的洁净。值得注意的是，由于研究人员佩戴的手套表面也存在大量肉眼难以观察到的污渍颗粒，故从清洗开始一直到预键合之前，均不能用手直接接触石英玻璃片，以免对玻璃片表面造成污染。

由于水的相对分子质量比酸小很多，若将水加入酸中会覆盖在酸液表面之上，酸与水混合时会发生反应，其造成的瞬时温度升高会导致浮于表面的水滴瞬间沸腾，导致液体飞溅，腐蚀物品和皮肤，所以一般都是将酸加入水中，这样温度不会迅速升高，不会造成危害。但配置 RCA 3 溶液时是一个例外，需要按照 H_2SO_4：H_2O_2 = 3：1 的比例将过氧化氢溶液加入浓硫酸中，这样会使溶液迅速沸腾，对于清洗而言效果更佳。由于室温预键合对于颗粒污染物的容忍性极低，故需要现场配置 RCA 3 溶液，而不能使用之前就配置好的溶液。将配置好的 RCA 3 溶液加热至 150℃，然后将石英玻璃片浸入其中并保持 15 min，用去离子水冲洗，以去除石英玻璃片表面上残余的有机杂质及金属杂质。

将石英玻璃片浸入现配的 RCA 1 溶液（NH_4OH：H_2O_2：H_2O = 1：2：7）中，目的是去除附着于玻璃表面的颗粒污渍。此时，同样需要现场配置 RCA 1 溶液，而不能使用之前就配置好的溶液。可将其置于 60 ℃水中放置 5 min，取出后用去离子水冲洗，再用氮气烘干。可以发现，RCA 1 溶液中氨水的比例及加热的温度较低，且处理的时间较短，这是由于石英玻璃属于酸性物质，对于碱性物质的耐受力较弱，容易与氨水反应生成络合物，附着于石英玻璃片的表面，增大了石英玻璃片表面粗糙度，降低了键合的成功率。

在 PVA Tepla IoN40 等离子体系统中放置处理后的石英玻璃片，可以活化键合面，以增强石英玻璃片的表面性能。

氧等离子体活化参数如表 5-3 所示。

表 5-3　氧等离子体活化参数

参数	气体	流量	功率	压强	活化时间
指标	O_2	200sccm	200W	200mTorr	45s

实践表明，竖直放置的样品经过氧等离子体活化后的键合效果不佳，故采用水平放置的方案。位于中间位置的开槽玻璃片两面均要进行键合，在水平放置时下表面容易受到污染。无尘纸和无尘布表面虽然没有尘埃等其他污渍，但其表面

仍附着有很多肉眼难辨的纤毛，若将其置于玻璃片的下方，这些纤毛容易发生脱落，然后附着在玻璃片的表面，从而导致最终的键合效果降低，甚至键合失败。因此，当氧等离子体活化时，在石英玻璃片下方放置一块经过清洗的洁净硅片，以此来避免表面颗粒物的污染。

采用水平放置的方案会导致位于中间的开槽玻璃片需要被活化两次，而在活化完一侧之后，立刻再活化另一侧，之后再进行三片石英玻璃片的预键合。这存在以下两个问题：一个问题是当氧等离子体活化之后的样品被取出放置于空气中时，其表面因吸附空气中大量有机分子而呈饱和状态，表面能在短时间内下降到未进行处理的程度。另一个问题是当翻转活化完一侧的石英玻璃片再活化另一侧时，活化后的石英玻璃片与硅片直接接触，这很容易导致石英玻璃片和硅片黏接在一起，难以分离。即使将两者分离，活化表面也已经被破坏，键合效果大打折扣。实践也表明，此方案确实容易导致键合失败。因此，建议采用活化完开槽玻璃片和通孔玻璃片后，先进行预键合，键合完毕后再活化开槽玻璃片的另一侧和裸玻璃片，最终再进行一次预键合，这样可以有效避免上述两个问题。实践表明，此方案的键合效果明显优于之前介绍的方案。

表面处理完后，应将具有活性表面的石英玻璃片按照如图 5-4（d）的次序尽可能快地放入较高—OH 浓度的甲醇溶液中进行面对面接触。此时也可以用去离子水代替甲醇溶液，但甲醇溶液中处于游离态的—OH 浓度比去离子水中的高很多，对于预键合而言，甲醇溶液的效果更佳。

当石英玻璃片的表面相互接触时，其中的氢键将导致键合界面形成明显的吸引力。随后，向石英玻璃片的中心施加微弱的压力以排出键合位置处的空气，并加速键合波的扩散速度，实现石英玻璃片的预键合。值得注意的是，此时只能在石英玻璃片的中心一点处施加压力，否则会产生由于多点接触引起的键合空隙。

预键合之后的石英玻璃片在键合部位处有一层甲醇溶液，但其厚度并不均匀，这可能会使石英玻璃片表面的羟基无法相互接触。若室温预键合后立刻进行热压键合，则可能导致部分通道窄甲醇分子迅速往石英玻璃的外部甚至石英玻璃基体内部扩散，这片区域甲醇分子的厚度很快减小，使得其键合面彼此贴合。而其余甲醇分子广泛存在于通道更宽的区域，以至于甲醇分子厚度减小困难。快速升高温度时，由于甲醇分子厚度分布不均匀，使得键合面不可避免地发生变形甚至开裂，石英玻璃的键合部分也因此大幅减少[128]。因此，需先将室温预键合之后的样品放置于工艺间的干燥柜中至少干燥12h，才能再进行热压键合。在常温状态下，甲醇分子在键合位置处慢慢变为均匀分布。此外，部分甲醇分子逐步从键合面排出，减小上下玻璃片的表面间距，并且一部分羟基彼此接触时发生脱水反应进而转变为强度更高的共价键连接，使得键合强度得以大幅提高[129]。为进一步加强键合强度，将预键合后的石英玻璃片从洁净室转移到热压炉中进行直接键合。三层石英玻璃片的直接键合的成品如图5-6所示。

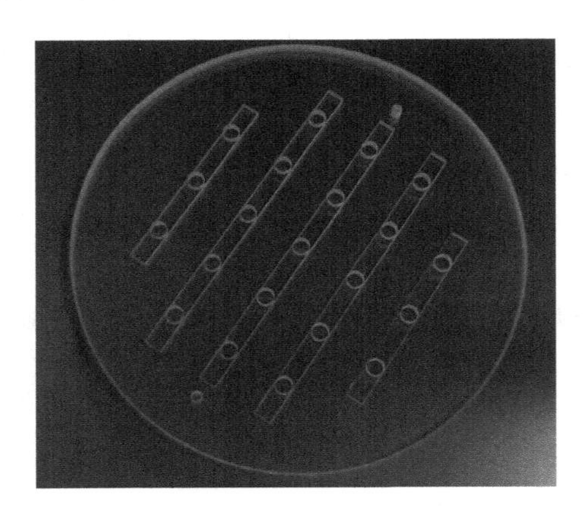

图5-6　三层石英玻璃片直接键合的成品

5.3.3　石英玻璃磁控溅射及划片工艺

光刻借助光-化学反应机理的精密技术，于掩模版上将其图形平移置于石英玻璃表面之上，最终实现图形转移的目标。该过程分为三个步骤。步骤一，紫外光首先穿过掩模板上的透光部分和光刻胶进行反应；步骤二，利用相应的显影液保留或是去除曝光位置处的负性或者正性光刻胶；步骤三，在显微镜下观测曝光区域的光刻效果。

掩模板是光刻工艺中的核心部件，承担着图形载体的重要任务，是光刻工艺中十分重要的组成部分。因此，在光刻工艺中，设计出可以符合后续加工需求的掩模板成为第一要义，掩模板的性能将直接决定光刻工艺的质量[130]。玻璃、塑料、铬等材料均可以用于制作光学掩模板。掩模板可以利用这些材料制作不同的图形。本书在这里利用 L-Edit 来设计，所设计的用于石英玻璃划片的掩模板图如图 5-7 所示。

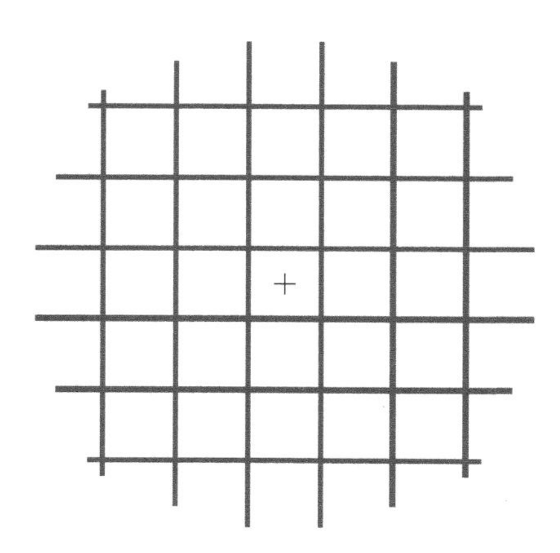

图 5-7　用于石英玻璃划片的掩模板图

考虑后续工艺流程，需将掩模板中的划光线区域设为透光区域，以适用于本书所选用的正性光刻胶，并使用负片掩模板，图形区域为非 Cr 膜区。掩模板的方向是膜面向下，并且划片线的间距和通孔的间距相同，均为 7mm。

进行光刻实验之前需先经过标准清洗以维持玻璃片表面的清洁程度，消除石英玻璃片键合后的遗留有机物及其他污渍。玻璃片在清洗后可先放置于干燥柜中干燥 12h，以完全清除残留于石英玻璃片表面的水分，这样可以使石英玻璃片表面保持干燥状态，增加光刻胶对于石英玻璃片表面的黏附性。干燥完成之后，需要通过 HMDS 蒸汽沉积技术涂底，过程中需要用到六甲基二胺烷。它可以使石英玻璃片表面疏水，还加强了和光刻胶的黏附性。

底膜形成后需要将光刻胶均匀覆盖于石英玻璃之上。其流程是：先将其置于真空吸盘之上，调整石英玻璃片的位置，启动电机，进行缓慢预转，以确保玻璃片处于中心位置，否则容易导致光刻胶旋涂不均匀，甚至出现个别边缘位置处表面没有覆盖光刻胶的情况。调整玻璃片的位置处于最佳状态后，在玻璃片上滴加 AZ 6130 正性光刻胶。需使用一次性塑料滴管进行滴胶，在滴胶过程中注意不要引入气泡。若过程中不小心引入了气泡，则需要使用一次性塑料滴管将其一一吸除。匀胶机转速的配方则选用 200r/mim(5s)+500r/mim(3s)+3000r/mim(60s)+4000r/mi m(5s)的参数组合。在离心力的作用下，光刻胶在玻璃片表面逐渐延展开来，越来越均匀，最终在石英玻璃上形成光刻胶胶膜覆盖层，直到绝大部分光刻胶干燥后才停止旋转。

之后，需将玻璃片放置于 100℃的热烘板上软烘 1 min，以消除光刻胶里残留的溶剂，最终实现拉高光刻胶的黏附性及均匀性的目标。没有进行软烘操作的光刻胶容易被杂质污染，且黏附力大幅下降，还可能出现因溶剂量太高而使得显影过程中表现出溶解差异，以至于出现无法分辨已曝光区域光刻胶与未曝光区域光刻胶的情况。

曝光是指将石英玻璃与掩模板对准之后，借助紫外光进行照射，没有掩膜遮挡的区域中，紫外光与光刻胶进行反应，使得光刻胶软化溶解，随后被溶剂洗除，从而使该部分在后续流程中被溅射划片线，以达到划片线从掩模板被复制到石英玻璃之上的目的。根据之前利用过的 AZ 6130 光刻胶和转速，曝光所需的能量为 100 mJ/cm^2。本书利用的是 EVG 公司生产的 EVG 610 光刻机。

将与AZ 6130光刻胶相对应的显影液AZ 400K以1：6的比例使用去离子水进行混合稀释，然后将石英玻璃片放在花篮内，再将花篮放入显影液中晃动40s后取出，并利用去离子水清洗并用氮气吹干，来去除曝光区域光刻胶，使可见的划片线呈现在玻璃片上。对于显影的时间，必须进行精确控制，时间较短会导致显影不完全，时间较长会过显导致划片线结构被破坏。值得注意的是，显影之前需要在显影液的旁边先放置好去离子水。时间快到时，将花篮自显影液中取出，迅速放入去离子水中。花篮自显影液中取出而未放入去离子水中之前，残留在玻璃片表面的显影液仍会与光刻胶进行反应。若在显影之前未准备好去离子水，则会导致残留在玻璃片表面的显影液继续与光刻胶进行反应，进而过显，最终导致光刻失败。显影完成后，利用显微镜观测划片线结构是否完整。若在显微镜下观察到显影不完整，则需要预估二次显影所需的时间，再次进行显影。若发现过显，则需要利用丙酮溶液将光刻胶全部清除，重新进行光刻。如果显影结果满足预期，就可以继续进行之后的工艺流程了。

在很多光刻流程中会对显影后的晶圆进行后烘，但由于后续工艺在磁控溅射之后需要对光刻胶进行剥离，如果对石英玻璃片进行后烘处理，很可能使得光刻胶变得坚固而无法剥除，因此未进行后烘操作。

之后，借助磁控溅射设备在石英玻璃片表面沉积100nm的铜。磁控溅射是物理气相沉积的一种。溅射法被广泛应用于制备半导体，其具有设备简易、容易进行控制及黏附力大等优点[131]。20世纪70年代发展起来的磁控溅射法更是具有高速、低温、低损伤等优点。利用磁控溅射技术于衬底上进行沉积铜的操作，该操作在没有光刻胶附着的部分直接沉积到石英玻璃片上，而在有光刻胶附着部分则沉积到光刻胶上。本书借助的磁控溅射设备是国外的Denton Vacuum公司生产的EXPLORER型磁控溅射镀膜机。

通过将溅射了铜的石英玻璃片放在丙酮溶液之中超声波处理5min，将光刻胶剥离，在石英玻璃片表面上只留下划片线，然后将其进行清洗并做氮气烘干处理。剥离工艺对于 MEMS 行业也有很多应用之处。借助磁控溅射技术于衬底之上沉积铜之后，能在借助化学药品剥离光刻胶的同时，将光刻胶之上沉积的金属随之消除，最终仅仅保留没有光刻胶部分的膜层，以实现掩模板上图形转移的目标。因为丙酮溶液溶解 AZ 6130 光刻胶的效果良好，故选择其担当剥离液，将磁控溅射之后的石英玻璃片放在丙酮溶液中完成剥离。石英玻璃表面上无易碎结构，因此能将其置于超声波清洗机内部进行超声波处理，这样可以大幅节省处理时间。

之前拟采用 DISCO 划片机进行划片，但将溅射划片线之后的键合玻璃片铣凸台之后，由于凸台的存在，便无法将玻璃片紧密吸附在塑料薄膜之上。此外，键合之后的厚度达到了 2mm，超出了规定的 1mm 厚度的限制，且石英玻璃的莫氏硬度达到了 5.5～6.5 级，该值相对较大，划片所需的刀数也比较多。综合这些原因，采用 DISCO 划片机进行划片容易导致其刀尖断裂。而激光划片技术，随着大功率脉冲激光技术的发展而被广泛应用。激光束具有较高的能量密度，会使所加工的物质发生熔融、气化及升华等，因此选用皮秒激光器和二氧化碳裂片机按照如图 5-8（a）所示的划片方案进行划片，得到如图 5-8（b）所示的 7mm×7mm 的“三明治”式石英玻璃结构。

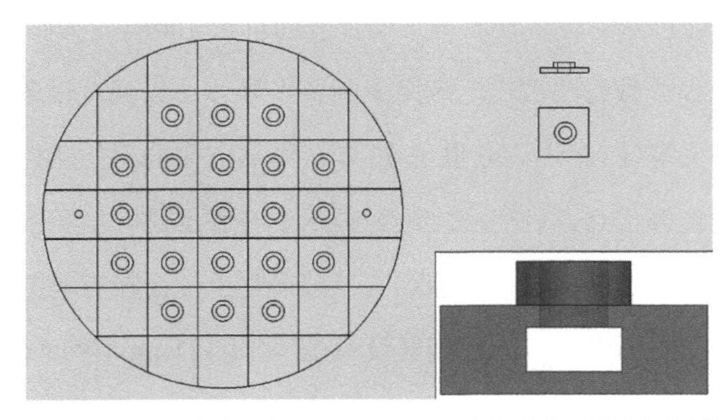

（a）划片方案　　（b）“三明治”式石英玻璃结构

图 5-8　划片方案及“三明治”式石英玻璃结构

图 5-9 中展示了经过划片制造的多个“三明治”式石英玻璃结构，这证实了该结构可以批量生产。

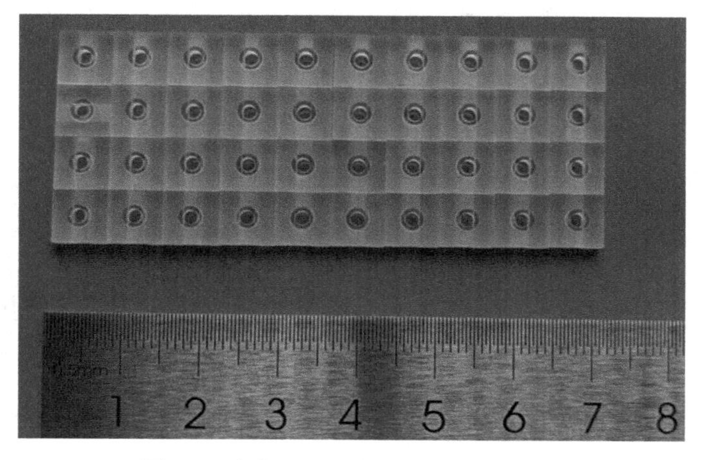

图 5-9　多个“三明治”式石英玻璃结构

5.3.4　键合界面表征及键合质量测试

在键合过程中能否形成良好的键合界面，会直接影响法珀腔是否可靠。键合界面在键合质量不佳的情况下会导致“三明治”式石英玻璃结构的脱黏，对法珀腔的性能有极大干扰[132]。因此，本节通过扫描电子显微镜（SEM）对石英玻璃法珀腔的键合横截面进行分析，验证其键合质量是否达标。

使用的设备为蔡司 SUPRA 55 SAPPHIRE 型号的 SEM，将“三明治”式石英玻璃结构的横截面朝上，并借助胶带把它固定在托盘之上。由于石英玻璃导电性能较差，因此需要在横截面上涂覆一层金膜。这是因为在使用过程中石英玻璃不导电，使得大量电子集中于探针处，导致 SEM 拍摄的图像模糊，进而对测试结果产生不良影响，因此需要镀金以便将探针位置处集中的电子引离。镀金之后，将“三明治”式石英玻璃结构置于腔室中完成观测。

“三明治”式石英玻璃结构的横截面如图 5-10 所示。从图 5-10（a）可以看出，整个石英玻璃直接键合的界面结合紧密，不存在肉眼可见的石英玻璃片之间的分界线，并且没有键合空洞，达到了良好的键合效果。此外，键合面上粗糙度较大，这应该是在二氧化碳裂片机划片时引入的，还可以看到通过直接键合形成的空气腔仍然保持完好，并且高度与所设计的高度一致，约为 1mm。

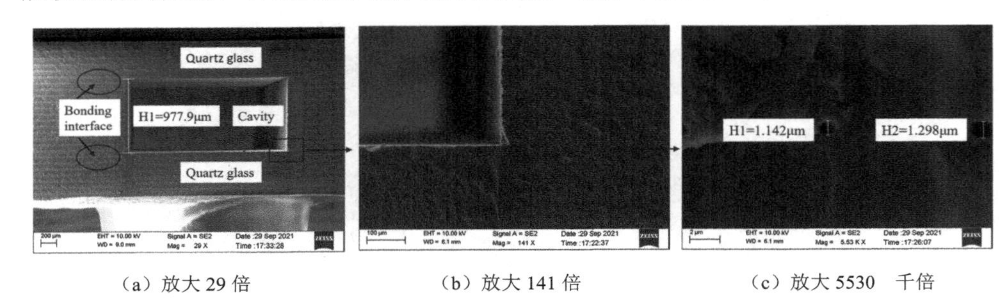

（a）放大 29 倍　　（b）放大 141 倍　　（c）放大 5530　千倍

图 5-10　“三明治”式石英玻璃结构的横截面

将该横截面放大 141 倍后，如图 5-10（b）所示，玻璃片之间的依然不存在相对明显的分界线。通过在高倍率下扫描整个键合界面（放大 5530 千倍），可以看到大部分的界面结合紧密，仅发现了两个直径小于 2μm 的键合空洞，如图 5-10（c）所示。它很可能是因为甲醇分子在预键合后的室温放置阶段没有被排出，而后在热压键合过程中甲醇分子变成气态，导致体积大幅膨胀而形成的。此外，在高放大率 SEM 图像中可以明显地看出空洞周边的键合区域是光滑且紧密的，以此可以证明键合的质量相对较高。

通过扫描电子显微镜上附带的能谱仪（EDS）对键合界面上的化学元素组成进行定性分析。如图 5-11 所示，结果表明，除了溅射的金元素存在，在键合界面上只有石英玻璃的主要成分——硅元素和氧元素，没有形成新元素。这证明键合过程中没有引入其他颗粒污染物，表明键合效果良好。

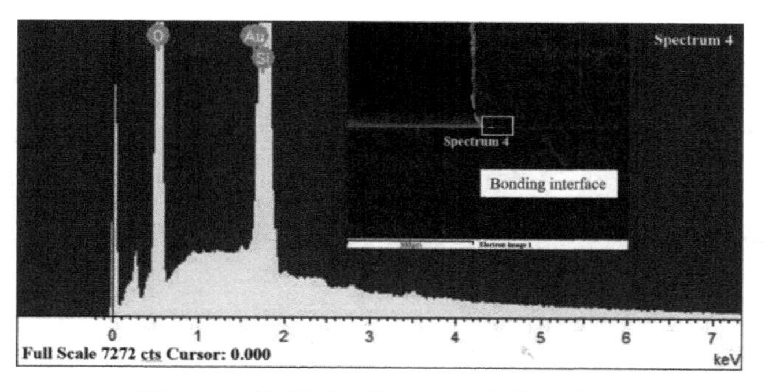

图 5-11　横截面上的 EDS 元素分析结果

为证明制成的“三明治”式石英玻璃结构一致性高，可以批量化生产，在制成的“三明治”式石英玻璃结构中随机选择 3 个样品进行 SEM 测试，测试结果如图 5-12 所示。从图中可以看出，除图 5-12（c）中有一个直径不到 2μm 的键合空洞外，其他图中均没有键合空洞，并且可以看出图中的石英玻璃直接键合的界面均结合紧密，不存在肉眼可见的玻璃片之间的分界线，达到了非常良好的键合效果。

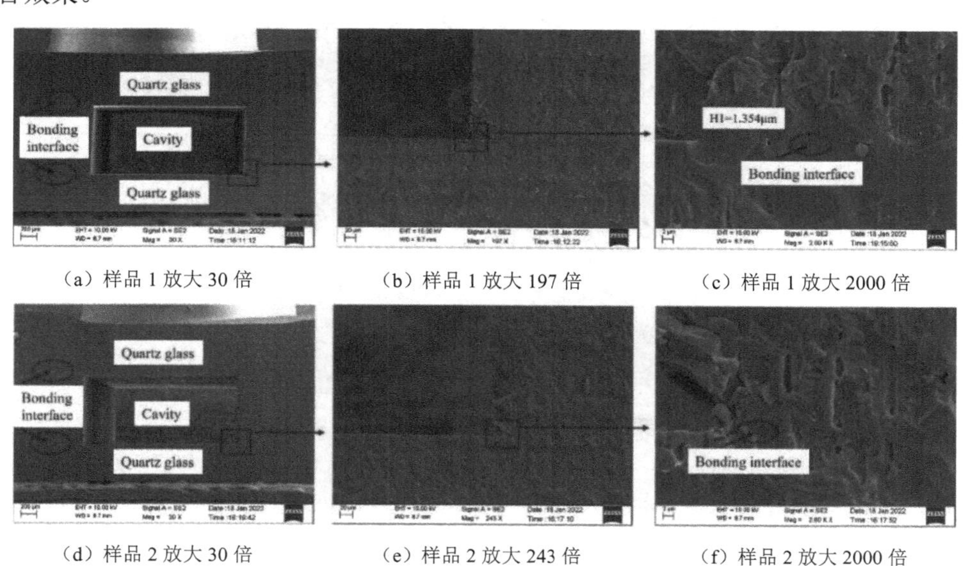

（a）样品 1 放大 30 倍　（b）样品 1 放大 197 倍　（c）样品 1 放大 2000 倍

（d）样品 2 放大 30 倍　（e）样品 2 放大 243 倍　（f）样品 2 放大 2000 倍

图 5-12　多个“三明治”式石英玻璃结构样品横截面

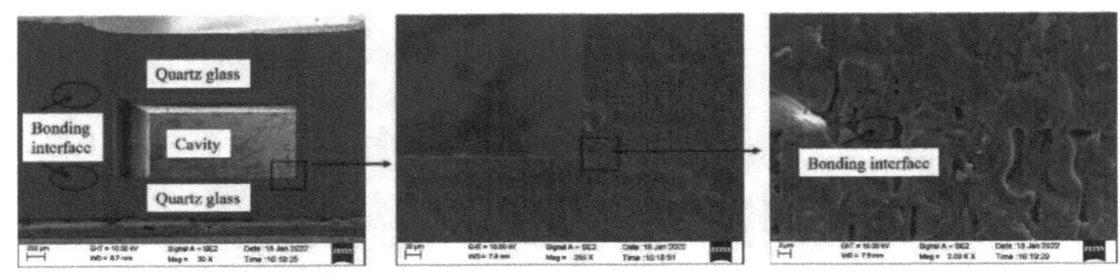

（g）样品 3 放大 30 倍　　（h）样品 3 放大 255 倍　　（i）样品 3 放大 2 千倍

图 5-12　多个“三明治”式石英玻璃结构样品横截面（续）

通过 EDS 对多个“三明治”式石英玻璃结构样品的键合界面上的化学元素组成进行定性分析，分析结果如图 5-13 所示。结果表明，3 个样品上除之前溅射的金元素外，在键合界面上只有硅元素和氧元素，没有形成新元素，证明键合过程中没有引入其他颗粒污染物，间接表明键合效果良好。以上实验证明制成的“三明治”式石英玻璃结构一致性高，可以实现批量化生产。

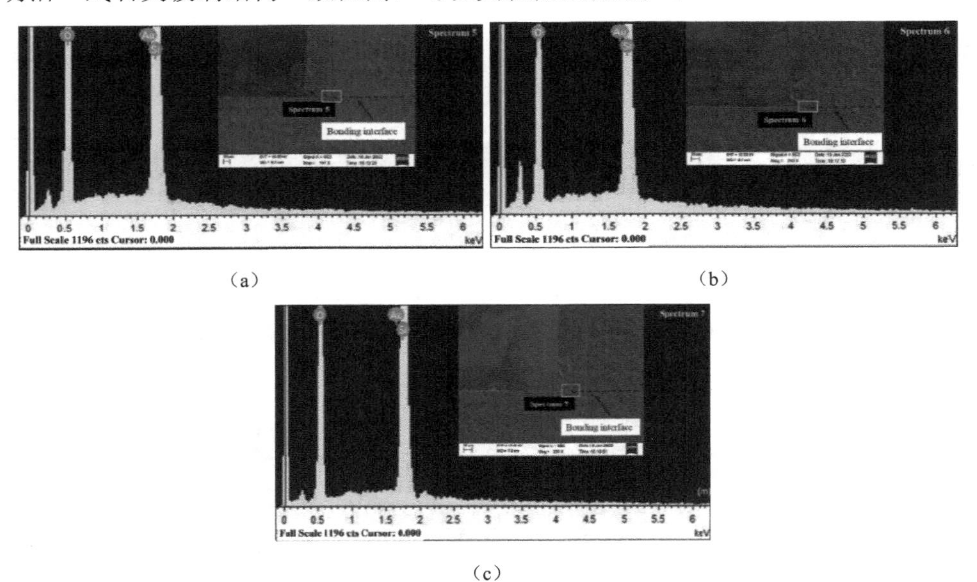

（a）　　（b）

（c）

图 5-13　多个“三明治”式石英玻璃结构样品 EDS 元素分析结果

针对键合强度的测试方法一般有刀片裂纹法和破坏性拉伸实验法。刀片裂纹法的一个主要缺点就是测量的范围有限。虽然该测量方法对于键合能较弱的晶圆而言容易实现，但是在测量键合强度较高的晶圆时有较强的局限性。由于石英玻璃直接键合的强度较大，且石英玻璃自身的硬度也较大，导致刀片难以插入，甚至会在刀片插入石英玻璃片时出现断裂的现象，因此本书采用破坏性拉伸实验方法来测试和分析键合完成的“三明治”式石英玻璃结构的键合强度。之前拟采用 Instron 2710 拉力测试机进行测试，但由于“三明治”式石英玻璃结构存在凸台结构，导致其难以利用高强度的环氧树脂胶水进行黏接，最终选用了型号为 PPST 15HS 的精密荷重试验机进行测试，如图 5-14（a）所示。由于黏合样品太小，无法通过传统方法进行测试，因此利用两根铁丝穿过空气腔，通过拉伸铁丝来间接测量键合强度，如图 5-14（b）所示。

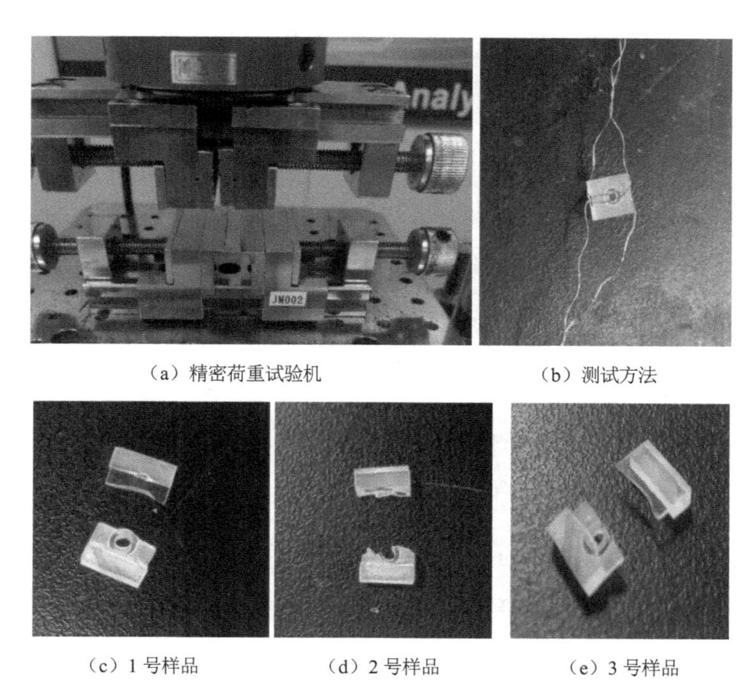

（a）精密荷重试验机　（b）测试方法

（c）1 号样品　（d）2 号样品　（e）3 号样品

图 5-14　型号为 PPST15HS 的精密荷重试验机测试示意图

本实验为验证制成的“三明治”式石英玻璃结构一致性高，可以实现批量化生产，共测试了 3 个样品，拉伸试验后的样品如图 5-14（c）、（d）、（e）所示。测试结果分别为 43.21MPa、43.10MPa、36.19MPa。该测试结果远远超过了半导体 MEMS 器件制造中推荐的 4MPa～5MPa 的最小键合强度值，且该值已经接近石英玻璃本身 50MPa 的抗拉强度值。从图 5-14 也可以看出，界面断裂位置被定位在石英玻璃内部，而不是在键合位置处，说明键合之后的石英玻璃片强度已经接近石英玻璃基内部强度，这也从另一个角度证明了直接键合工艺能够使两块石英玻璃片实现原子级结合，同时也验证了制成的“三明治”式石英玻璃结构一致性较高。

5.3.5 尾纤式全固态微型法珀腔封装工艺

利用插芯辅助准直将光纤垂直插入“三明治”式石英玻璃结构中，完成全固态微型法珀腔的封装。由于插芯与“三明治”式石英玻璃结构选用同种材质可以有效避免热膨胀系数不匹配的问题，因此本书使用瑞丰公司制造的石英玻璃插芯。瑞丰公司的石英玻璃插芯能根据实验需求制造不同口径的石英玻璃插芯。为保证后续封装的法珀腔内光纤端面垂直于“三明治”式石英玻璃法珀腔结构的下表面，“三明治”式石英玻璃法珀腔结构的凸台内径与玻璃插芯的外径相差越小越好，最好保持在 10μm 左右，并且最大不可超过 100μm。因此，对于石英玻璃插芯直径的加工误差要求较高，瑞丰公司的石英玻璃插芯可以满足需要。本书选用了内径为 0.126mm、外径为 1.8mm、长度为 6.8mm 的石英玻璃插芯，而且玻璃插芯的一端具有喇叭口，方便裸光纤插入。

之前拟采用二氧化碳激光器激光熔融的方式进行封装，分别将光纤和石英玻璃插芯，以及对玻璃插芯和“三明治”式石英玻璃法珀腔结构进行熔接。在将光纤插入玻璃插芯中进行熔接之前，需要先剥除光纤表面的铜涂覆层。由于铜涂覆层的强度相对较大，因此用剥线钳剥除较为困难。相对而言，铜的化学性质不活泼，化学剥除较为困难。较为简便的方法是，将光纤置于 20～50%的硝酸溶液中浸泡 1min 左右，使涂覆层溶解。但由于硝酸溶液较为危险，因此上述方法需要前往工艺间，在有保护措施的前提下进行。而剥除涂覆层之后的光纤机械强度急剧下降，在后续的实验中容易折断，折断后又需要重新剥离光纤，因此该方法时间成本较高。考虑到需要去除的涂覆层长度只有 3cm，故可以利用类似于削铅笔的方法，借助小刀沿轴线方向缓缓将涂覆层去除，并用滴加酒精的无尘纸清洁裸光纤。之后使用日本的藤仓 CT-30 光纤切割刀切割光纤至所需位置，并将切割完毕的裸光纤插入裸光纤适配器中，再放置于光纤研磨机上进行研磨，使用光纤端面检测仪观察光纤的端面，以确保光纤的端面平整。

将研磨完毕的石英光纤插入石英玻璃插芯中利用二氧化碳激光器进行激光熔接，完成之后的实物图如图 5-15（a）所示。将其放置于显微镜下观察，激光焊接点如图 5-15（b）所示。从图 5-15 可以看出，经过激光点焊之后，光纤的包层出现了些许黑色物质，这应该是由于激光局部的高温烧灼造成的。

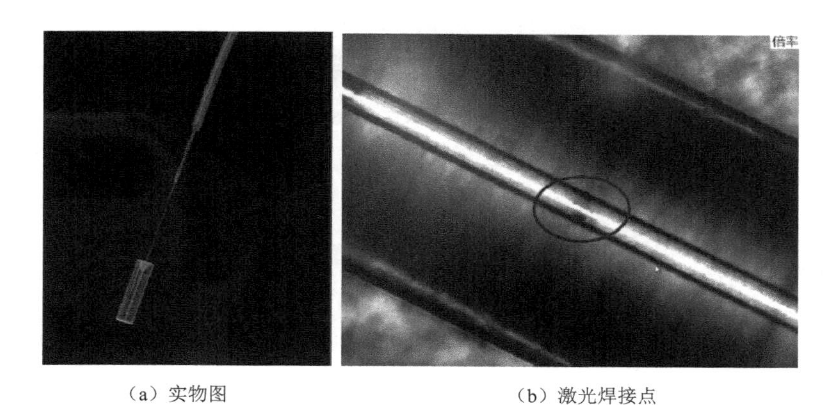

（a）实物图　　　　（b）激光焊接点

图 5-15　激光熔接后的玻璃插芯和光纤

由于在设计时令“三明治”式石英玻璃结构中空气腔的宽度略小于石英玻璃

插芯的直径，当玻璃插芯插入“三明治”式石英玻璃结构中时，插芯正好被卡在空气腔一侧，以便能精确控制法珀腔的腔长。另外，由于“三明治”式石英玻璃结构的表面没有镀膜，反射率较低，因此光纤与“三明治”式石英玻璃结构之间无须花费大量时间去进行对准，为将来流水线生产奠定了基础。但目前石英玻璃插芯和“三明治”式石英玻璃结构熔接尚有一个难点有待解决，即在激光熔接时需要穿透“三明治”式石英玻璃结构的凸台，照射到玻璃插芯的表面进行熔接，但铣凸台会导致凸台的外表面变成磨砂面，且无法抛光。而激光照射到磨砂面上时容易散光，难以穿透磨砂面，极少部分穿透磨砂面的激光的能量也难以支撑熔接所需。因此，目前的封装方式仍然是利用紫外胶进行黏合。通过石英玻璃插芯辅助准直将“三明治”式石英玻璃结构与光纤相结合构成法珀腔。封装完成的全固态微型法珀腔如图 5-16 所示。

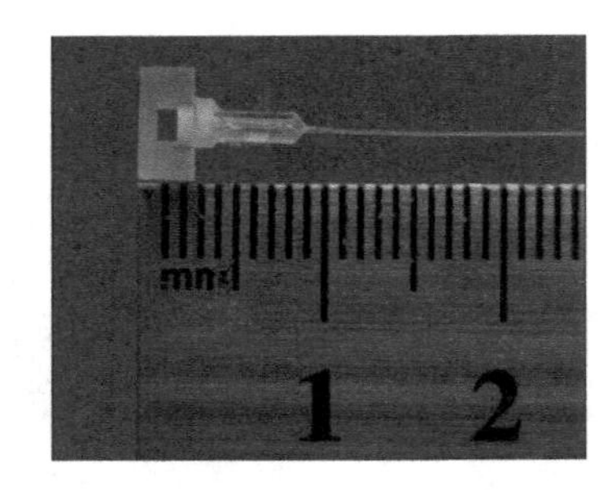

图 5-16　封装完成的全固态微型法珀腔

5.4 法珀腔光学特性测试

由于封装时需要将紫外胶涂覆在键合而成的“三明治”式石英玻璃结构和石英玻璃插芯表面，在此过程中会对玻璃插芯有一定的扰动，且紫外胶固化后会有内应力存在，这不可避免地会对法珀腔的光学特性产生一定影响。因此，对没有进行封装的“三明治”式石英玻璃结构、石英玻璃插芯及光纤进行空间光学耦合测试，与封装后的全固态紧凑型法珀腔的光纤耦合测试进行对比实验，以验证封装是否会对法珀腔的光学性能产生干扰。

5.4.1　空间光学耦合测试

当全固态微型法珀腔在没有被封装的情况下进行空间光学耦合测试时，“三明治”式石英玻璃结构、石英玻璃插芯及光纤难以实现固定，往往会在测试过程中被扰动，从而导致测试的数据出现一定的偏差。因此，利用实验室中如图 5-17（a）所示的六维自动耦合对准系统的螺丝对“三明治”式石英玻璃结构、石英玻璃插芯及光纤进行固定，示意图如图 5-17（b）所示。

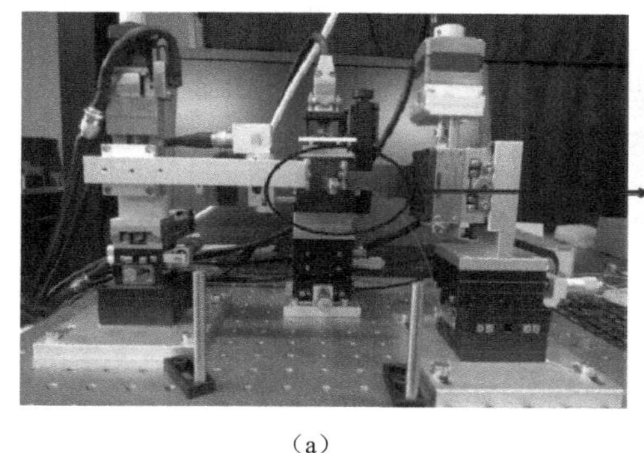

（a）

（b）

图 5-17　六维自动耦合对准系统

虽然在制作紧凑型法珀腔时，光纤可以借助玻璃插芯直接插入“三明治”式石英玻璃结构的凸台中，而无须进行对准操作，但仍可利用六维自动耦合对准系统进行辅助对准，以提高光路的传输效率。由于进行空间光学耦合测试时需要将玻璃插芯插入“三明治”式石英玻璃结构的凸台中，且玻璃插芯和“三明治”式石英玻璃结构均被螺丝固定，而自动耦合时悬臂梁摆动幅度又较为剧烈，这样就容易导致玻璃插芯破裂，因此进行耦合对准时自动耦合不适用，需要手动进行调整，以调节到最佳的位置。

由于石英玻璃直接键合须在高温下进行，并且制成的法珀腔将用于高温条件，所以法珀腔没有镀膜，以防止膜在高温下脱落。法珀腔两端面的反射率较低，分别为7%和3.6%，这导致法珀腔最终的FWHM较大，谱线较宽，用实验室的窄线宽激光器扫描时扫不出完整的谱线，因此其无法被使用。本书使用的是德国TOPTICA公司出产的DLC TA-SHG pro宽频带激光器。

下面采用如图5-18所示的装置对未封装的法珀腔进行测试。利用信号发生器提供±4V的正弦波信号扫描激光器，并将正弦波信号引入示波器中。外加扫描信号的宽频带激光器发出中心波长为1550nm的激光，经过环形器入射到未封装的法珀腔中，在其中多次反射，形成多光束干涉。返回的干涉光由光电探测器接收，将光信号转换为电信号，并将电信号引入示波器中，得到的谱线如图5-19所示。图5-19中的曲线有扫描信号和谱线。扫描信号的每一个上升沿及下降沿，谱线均有一个向下的峰与之对应。经过测试、计算可知，其半高全宽（FWHM）为69.03GHz，Q值为2803。

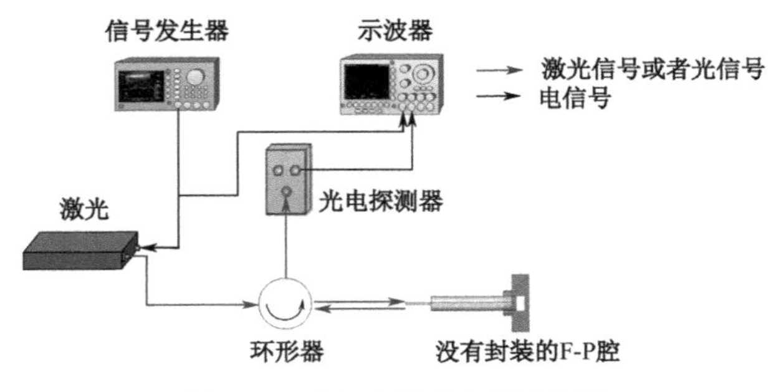

图5-18　空间光学耦合测试装置

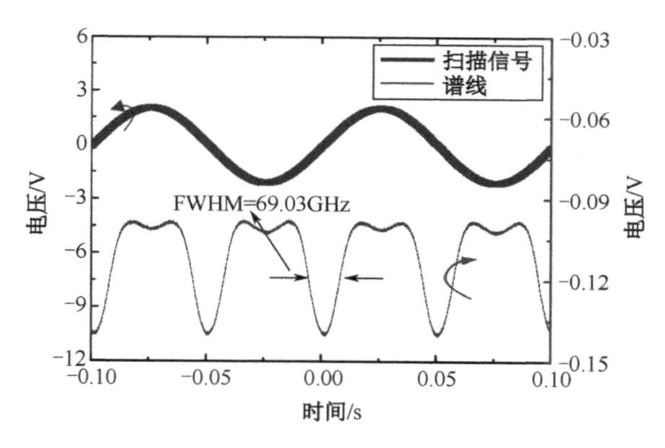

图 5-19　未封装法珀腔的谱线

5.4.2　光纤耦合测试

采用如图 5-20 所示的实验装置对全固态紧凑型法珀腔进行测试。测得的法珀腔谱线如图 5-21 所示。图 5-21 中的曲线有扫描信号和谱线。经过测试、计算可知，其 FWHM 为 71.37 GHz、Q 值为 2711。

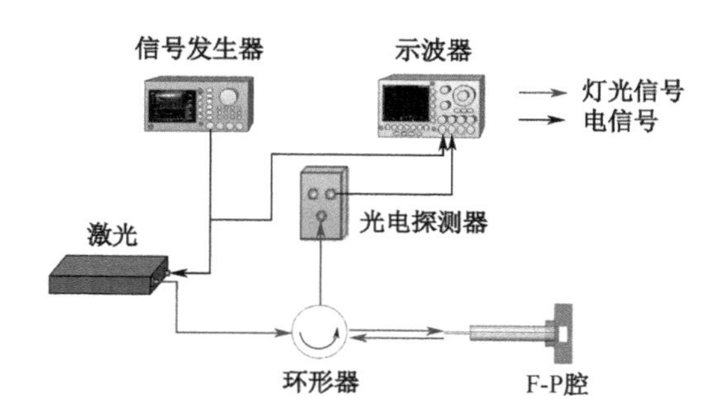

图 5-20　实验装置布局

测试表明，封装之前的 Q 值 2803 相比于封装之后的 Q 值 2711 略大，这证明封装过程对于法珀腔的光学性能产生的干扰较小。

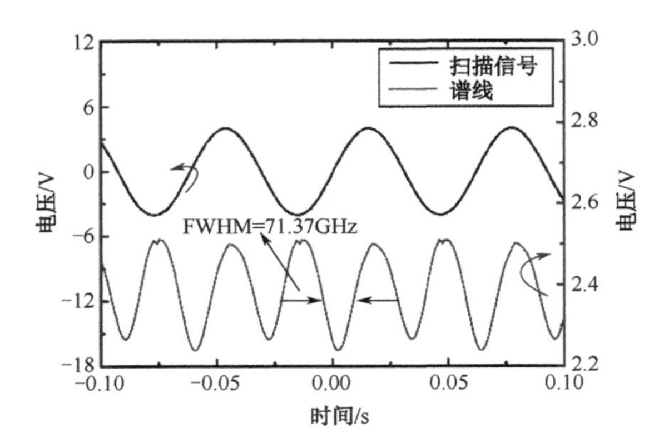
扫描信号
谱线
FWHM=71.37GHz
电压/V
电压/V
时间/s
12
6
0
−6
−12
−18
3.0
2.8
2.6
2.4
2.2
−0.10
−0.05
0.00
0.05
0.10

图 5-21 法珀腔谱线

第6章 光纤声传感声信号解调方法

本章主要研究基于法珀腔谐振效应的光纤声传感器的声信号解调方法。首先介绍光纤声传感器最常用的两种声信号解调方法，阐述它们的原理、类别及优缺点。根据无振膜声敏感原理和法珀腔谐振效应，提出用调相谱检测技术和谐振频率追踪与锁定技术作为本章的声信号解调方案；分析推导了相位调制和锁相放大过程中光纤声传感器的光场和电信号表达式，得到具有对应关系的谐振谱线和同步解调曲线；将解调曲线作为反馈控制激光器的误差信号进行谐振频率的追踪与锁定，最终实现声探测。

6.1 光纤声传感器常用的信号解调技术

信号解调技术在很大程度上决定了整个光纤传感系统的性能[133]。对于光纤法珀腔声传感器来说，当外界待测声场引起法珀腔的腔长、腔内空气折射率等发生变化时，会导致法珀腔相位变化，从而改变法珀腔的干涉谱。声信号解调技术就是解调出改变干涉谱被声调制的光学参数，即检测出法珀腔的腔长变化或腔内空气折射率变化。常用的声信号解调技术有强度解调技术[134,135]和相位解调技术[136,137]。

6.1.1 强度解调技术

强度解调技术通过光电探测器接收光纤法珀腔声传感器的反射或透射光强，根据外界待测信号引起的光强度变化来进行解调。以低精细度法珀腔为例，其透射谱如图 6-1 所示，该图展示了强度解调原理。如果初始相位在 Q 点处，光强随光程变化呈线性变化，且斜率最大，所以传感器灵敏度也能达到最大，Q 点即工作点[138]。不论初始相位在透射谱波峰还是在波谷，探测灵敏度和测量范围都会大大减小，探测声信号还会出现部分失真。对于高精细度的法珀腔，虽然谱线波形较为陡直，但是依然需要选择斜率最大的区间为声传感器的工作区间。

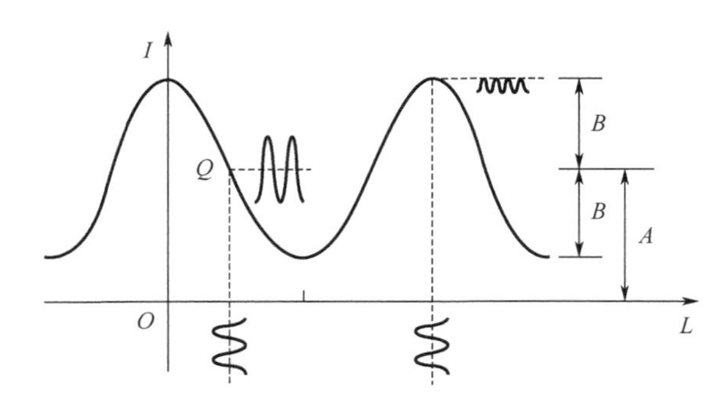

图 6-1　强度解调原理图（透射谱）

强度解调的优点是灵敏度高、成本低、信号响应快和容易实现，但其声探测动态范围小，精确控制和稳定静态工作点比较困难，而且光源光功率的扰动和光纤透射损耗都会对光纤声传感器的性能产生影响。强度解调技术主要有工作点控制法[139-142]、正交相位法[143-146]和自补偿法[147-149]等。

6.1.2　相位解调技术

相位解调技术通常采用宽带光源，然后在信号接收端加入相位解调器进行信号处理，其典型原理图如 6-2 所示。光源也可以是波长扫描光源，或者采用窄带光源同时在传输光路中加入相位调制器件。相位解调常用的方案有相位生成载波（Phase Generated Carrier，PGC）解调法[150,151]、三波长相位解调法[152,153]和路径匹配干涉法[154]等。

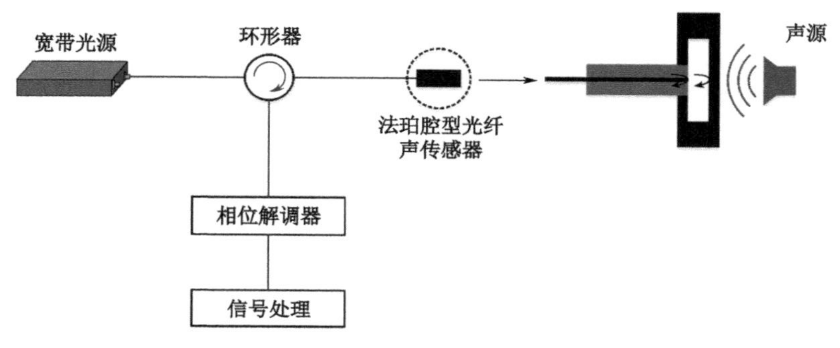

图 6-2　相位解调典型原理图

相位解调技术的解调精度高，解调过程不受光源功率波动的干扰，但是解调系统和解调算法相比强度解调技术要复杂许多。在实际应用中可以根据需要选择合适的解调方法。但上述强度解调技术和相位解调技术主要用于低精细度法珀腔光纤声传感器的解调，对于本章提出的基于高品质因数和高精细度法珀腔的光纤声传感器来说，要想获得最佳的灵敏度和动态范围，应选择调相谱检测技术和谐振频率追踪与锁定技术作为声信号解调方案，具体原理将在 6.2 节中详细分析。

6.2 调相谱检测技术

依据基于高 Q 值法珀腔谐振效应的光纤声传感原理，通过检测由声压引起的法珀腔谐振频率偏移量便可获得声信息。由理论计算可知，声压改变与法珀腔空气腔中空气折射率变化的关系为1Pa声压引起空气折射率改变 2.65×10^{-9}，并根据COMSOL模型仿真得到1Pa声压改变引起的谐振频率偏移约为0.6MHz。从声学观点来看，1Pa声压（环境压力为 1×10^{-5}Pa）的交变压力已经很大了，大致相当于一个人在你耳边几厘米近距离喊叫的水平。而我们的高性能光纤声传感需要探测远低于1Pa的声压，所以谐振频率偏移将远小于0.6MHz。中心波长为1550nm的激光频率在 10^{14} 量级，现有的光学仪器虽然能达到 10^{14} 量级的带宽，但是也很难实现在如此高的频率范围内直接检测微弱的谐振频率偏移。

另外，在光纤声传感信号解调系统中，激光器、光电探测器等器件很容易受到外界环境（温度、气流、振动等）的影响而引入噪声，由声压引起的微弱谐振频率偏移量很容易被湮没在这些噪声里。为了实现高灵敏度的声探测，需要采用微弱信号检测技术来提高信号的检测信噪比。

对微弱信号的提取，通常采用调制的方法，即对光路中的输入光信号施加一个有规律的载波信号，使要提取的信号按一定的规律变化。这样处理之后，要提取的信号和环路中的噪声在时间特性上就被区分开了。然后根据相关检测原理，对输出信号进行同步解调，实现微弱信号的放大提取。

调制可以分为频率调制（调频）、强度调制（调幅）、相位调制（调相）三种方式。光纤声传感器解调系统检测的是谐振频率与激光中心频率的频差信号，由法珀腔的谐振特性可知当频差信号不同时，法珀腔的输出光强也不同，这就需要进行频率偏置调制，同时要求输入光强非常稳定，所以调幅对声传感器的频差检测没有意义。频率是相位的一次导数，频率调制也可以通过相位调制的方式间接实现。在相位调制器上施加相位斜波调制等同于对光波产生频移，基于铌酸锂的相位调制器驱动功率小、精度高、可集成，易于实现和操作，是光纤声传感器系统的理想移频器件，本节主要介绍基于铌酸锂相位调制器进行的调相谱检测技术。

光纤声传感器声信号解调系统原理图如图 6-3 所示，由光路部分和电路部分组成。光路部分包括激光器、相位调制器和光纤声传感器，电路部分由光电探测器、锁相放大器、低通滤波器、数字比例积分（PI）控制器和高压放大器组成，同时形成了声信号解调系统的反馈控制环路（FBC）。激光器发出的光经过相位调制器完成相位调制后进入光纤声传感器，光纤声传感器的透射光经过光电探测器完成光电转换，之后进入锁相放大器进行同步解调。同步解调信号作为误差输入信号进入低通滤波器和数字比例积分控制器，在实时反馈控制下使激光器的输出激光频率始终跟踪锁定在谐振频率上。

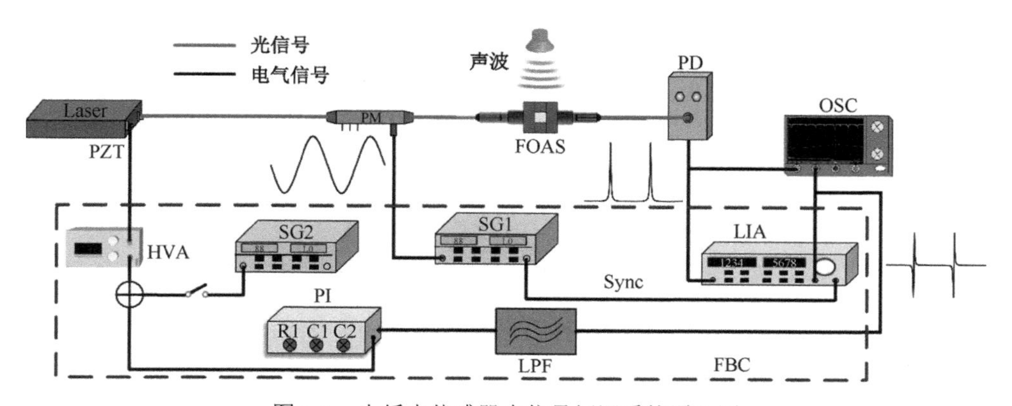

图 6-3　光纤声传感器声信号解调系统原理图

6.2.1 相位调制原理

施加了正弦波相位调制信号的相位调制器产生位于激光器中心频率两侧的边带信号，调制之后的光束入射进光纤声传感器中，载波信号与边带信号之间的相对相位差对光束产生幅度调制。该幅度调制的强度大小与激光中心频率和法珀腔的谐振频率成比例关系。

理想情况下，自由运转激光器的输出光场是：

$$E = E_0 \exp[\mathrm{j}(2\pi f_0 t + \varphi_0)] \tag{6-1}$$

式中，E_0 是输入光场的幅度，f_0 是激光器的中心频率，φ_0 是激光器的初始相位。

当对激光器输出光波进行正弦波调制时，设定正弦波的频率为 $f_{\sin}$，信号幅度为 V_S，如图 6-4 所示。

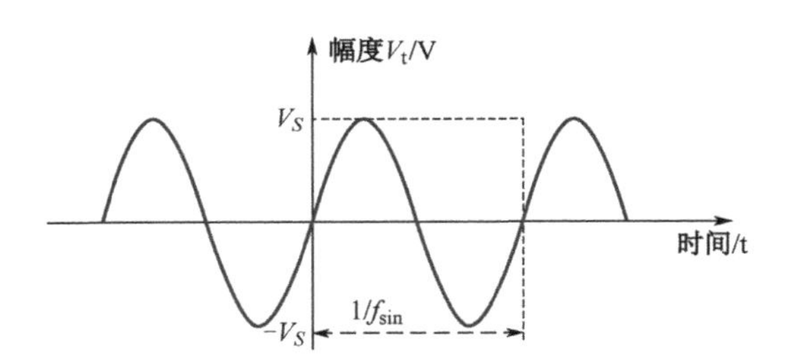

图 6-4 用于驱动相位调制器的正弦波信号

谐振腔输入端的调制后的光场可以表示为

$$E_{\mathrm{in\_r}}(t) = \frac{\sqrt{1-\alpha_{PM}}}{2} E_0 \exp\{\mathrm{j}[2\pi f_0 t + M\sin(2\pi f_{\sin} t) + \varphi_0]\} \tag{6-2}$$

式中，α_{PM} 是相位调制器的插入损耗；M 是调制系数，可以表示为 $M = \dfrac{V_S}{V_\pi}\pi$。

对谐振腔输入端调制后的光场进行贝塞尔函数展开，可以表示为：

$$
\begin{aligned}
E_{\text{in\_r}}(t) &= \frac{\sqrt{1-\alpha_{\text{PM}}}}{2}E_0\sum_{n=-\infty}^{\infty}J_n(M)\exp[\mathrm{j}(2\pi f_0 t + n2\pi f_{\sin}t + \varphi_0)] \\
&\approx \frac{\sqrt{1-\alpha_{\text{PM}}}}{2}E_0\left\{J_0(M)e^{\mathrm{j}(2\pi f_0 t+\varphi_0)} + J_1(M)e^{\mathrm{j}(2\pi(f_0+f_{\sin})t+\varphi_0)} - J_1(M)e^{\mathrm{j}(2\pi(f_0-f_{\sin})t+\varphi_0)}\right\}
\end{aligned}
\tag{6-3}
$$

式中，$J_n(M)$ 是第一类贝塞尔函数，代表正弦波调制后引入的各载波分量的幅度。为了便于分析，对式（6-3）进行简化，只保留电场经过相位调制器正弦波调制后的主要频率项，即载波频率 f_0、位于载波频率两侧的一阶边带频率 $f_0+f_{\sin}$ 和 $f_0-f_{\sin}$。边带频率的功率大小为 $J_1(M)$，可以看出，选择合适的调制系数，能够起到抑制载波频率、增大调制频率功率的作用。

6.2.2 同步解调误差信号分析

用多光束干涉原理对法珀腔的光场传输特性进行分析，可以得到法珀腔的电场透射系数为

$$
F_T = \frac{T}{1-R\cdot \mathrm{e}^{\mathrm{j}\varphi}} = \frac{T}{1-R\cdot \mathrm{e}^{\mathrm{j}\frac{4\pi nd}{\lambda}}} = \frac{T}{1-R\cdot \mathrm{e}^{\mathrm{j}\frac{4\pi fnd}{c}}}
\tag{6-4}
$$

式中，R 是镜面反射率，T 是镜面透射率，φ 是相邻两束光之间的相位差，d 是法珀腔的腔长，c 是真空中的光速，n 是介质折射率。

根据线性系统原理，加了相位调制信号后的法珀腔透射光的输出电场为法珀腔输入光波电场与相应频率处的电场透射系数的乘积，如式（6-5）所示：

$$
\begin{aligned}
E_{\text{out\_r}}(t) &= \frac{\sqrt{1-\alpha_{\text{PM}}}}{2}E_0 \\
&\left\{F_{T_0}J_0(M)\mathrm{e}^{\mathrm{j}(2\pi f_0 t+\varphi_0)} + F_{T_+}J_1(M)\mathrm{e}^{\mathrm{j}(2\pi(f_0+f_{\sin})t+\varphi_0)} - F_{T_-}J_1(M)\mathrm{e}^{\mathrm{j}(2\pi(f_0-f_{\sin})t+\varphi_0)}\right\}
\end{aligned}
\tag{6-5}
$$

式中，$F_{T_0}=\dfrac{T}{1-R\cdot e^{j\frac{4\pi f_0 nd}{c}}}$ 是载波透射系数；$F_{T_+}=\dfrac{T}{1-R\cdot e^{j\frac{4\pi(f_0+f_{\sin})nd}{c}}}$ 是+1阶边带透射系数；$F_{T_-}=\dfrac{T}{1-R\cdot e^{j\frac{4\pi(f_0-f_{\sin})nd}{c}}}$ 是−1阶边带透射系数。

透射光功率为

$$
\begin{aligned}
P_T &= \frac{1}{2}E_{\text{out\_r}}\cdot E^*_{\text{out\_r}} \\
&= \frac{1}{2}\cdot\frac{1-\alpha_M}{4}E_0^{\,2}\left\{\begin{aligned}&J_0^{\,2}(M)\left|F_{T_0}\right|^2+J_1^{\,2}(M)\left[\left|F_{T_+}\right|^2+\left|F_{T_-}\right|^2\right]+\\&2J_0(M)J_1(M)[\mathrm{Re}(F_{T_0}F_{T_+}{}^*-F_{T_0}{}^*F_{T_-})\cos(2\pi f_{\sin}t)+\\&\mathrm{Im}(F_{T_0}F_{T_+}{}^*-F_{T_0}{}^*F_{T_-})\sin(2\pi f_{\sin}t)]+2J_1^{\,2}(M)[\mathrm{Im}(F_{T_+}F_{T_-}{}^*)\\&\sin(2\pi 2f_{\sin}t)-\mathrm{Re}(F_{T_+}F_{T_-}{}^*)\cos(2\pi 2f_{\sin}t)]\end{aligned}\right\}
\end{aligned}
\tag{6-6}
$$

透射电场入射到光电探测器，光电探测器输出电流与光功率成正比。$I=\eta\cdot P_T$，其中，η 是光电探测器响应度。又因为光电探测器内部有隔直电容，直流项可以忽略，因此光电探测器的输出电流为

$$
I=\frac{\eta}{2}\cdot\frac{1-\alpha_M}{4}E_0^{\,2}\left\{\begin{aligned}&2J_0(M)J_1(M)[\mathrm{Re}(F_{T_0}F_{T_+}{}^*-F_{T_0}{}^*F_{T_-})\cos(2\pi f_{\sin}t)+\\&\mathrm{Im}(F_{T_0}F_{T_+}{}^*-F_{T_0}{}^*F_{T_-})\sin(2\pi f_{\sin}t)]+2J_1^{\,2}(M)[\mathrm{Im}(F_{T_+}F_{T_-}{}^*)\\&\sin(2\pi 2f_{\sin}t)-\mathrm{Re}(F_{T_+}F_{T_-}{}^*)\cos(2\pi 2f_{\sin}t)]\end{aligned}\right\}
\tag{6-7}
$$

式中，$2\pi f_{\sin}$ 是由载波与边带拍频产生的，其幅度包含载波和边带的幅度和相位变化信息。$2\pi 2f_{\sin}$ 是由两个边带拍频产生的，不包含载波信息，所以选取 $2\pi f_{\sin}$ 作为谐振频率追踪与锁定技术中的误差信号。为了提取 $2\pi f_{\sin}$ 的幅度，需要对光电探测器的输出信号进行同步解调。

同步解调所用的信号检测模块为锁相放大器（Lock-in Amplifier，LIA），其典型的工作原理图如图 6-5 所示，它的基本组成为信号通道、参考通道和相敏检波器（PSD），相敏检波器由混频器和低通滤波器组成。

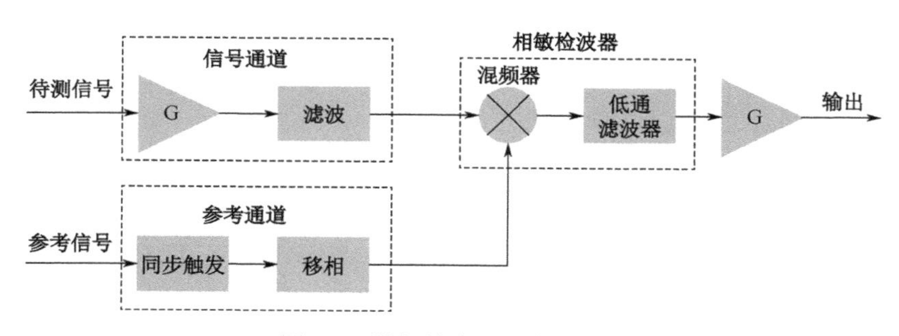

图 6-5　锁相放大器工作原理图

把光电探测器输出电流信号输入混频器，与频率同样为$2\pi f_{\sin}$的射频调制信号的同步信号混频。由于同步信号中包括正弦项和余弦项，在射频调制信号的同步信号与混频器之间加移相器，改变同步信号的初始相位，可以分别提取出正弦项和余弦项。

设经过移相器移相后的射频调制信号为$\cos(\omega_{\mathrm{m}}t+\phi_0)$，$\omega_m=2\pi f_{\sin}$，$\varphi_0$为混频器两路输入信号。由于延时不同引起的相位差，可通过调节移相器改变值的大小。则混频器的输出电压为

$$\begin{aligned}V=&\frac{\eta}{2}\cdot\frac{1-\alpha_M}{4}R_{\mathrm{ml}}G_{\mathrm{m}}E_0{}^2\\&\left\{J_0(M)J_1(M)[\mathrm{Re}(F_{T_0}F_{T_+}{}^*-F_{T_0}{}^*F_{T_-})\cos\varphi_0-\mathrm{Im}(F_{T_0}F_{T_+}{}^*-F_{T_0}{}^*F_{T_-})\sin\varphi_0]\right\}+\\&(\omega_{\mathrm{m}}\,\mathrm{terms})+(2\omega_{\mathrm{m}}\,\mathrm{terms})+(3\omega_{\mathrm{m}}\,\mathrm{terms})\end{aligned}\tag{6-8}$$

式中，R_{ml}是混频器输出负载电阻（Ω），G_{m}是混频器变频损耗（dB），经过低通滤波器滤除ω_m及更高频率项后，可以得到误差信号电压表达式为

$$V_{\mathrm{error}}=\frac{\eta}{2}\cdot\frac{1-\alpha_M}{4}R_{ml}G_mE_0{}^2\left\{\begin{aligned}&J_0(M)J_1(M)[\mathrm{Re}(F_{T_0}F_{T_+}{}^*-F_{T_0}{}^*F_{T_-})\cos\phi_0-\\&\mathrm{Im}(F_{T_0}F_{T_+}{}^*-F_{T_0}{}^*F_{T_-})\sin\phi_0]\end{aligned}\right\}\tag{6-9}$$

当调制系数$M=1.08$时，可以得到法珀腔经过正弦波调制后的谐振谱线和同步解调曲线，如图 6-6 所示。

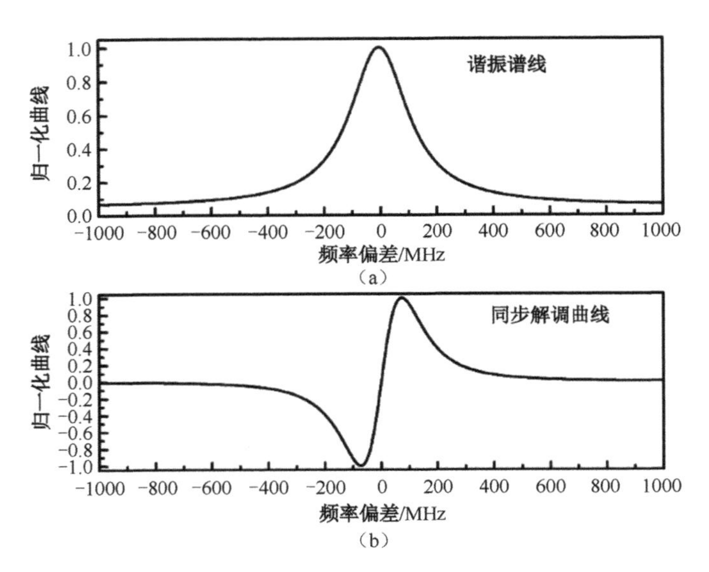

图 6-6　法珀腔经过正弦波调制后的谐振谱线和同步解调曲线

根据误差信号电压表达式可知，光电探测器的响应度、相位调制器的插入损耗、混频器的输出负载电阻、混频器的变频损耗、入射光强、激光中心频率、调制系数、调制频率、法珀腔的镜面反射率、腔长和混频器两路输入信号的相位差等参数将会影响同步解调曲线的特性，从而影响光纤声传感器的声探测性能。其中，光电探测器的响应度和混频器的变频损耗等是器件的固有参数，无法进行优化。入射光强影响误差信号幅度。在光路中，我们可以在光器件的可承受范围内使其尽量大，以提高系统的信噪比。

对于调制系数来说，其取值应使 $J_0(M)J_1(M)$ 最大。利用 MATLAB 仿真得到相位调制系数与 $J_0(M)J_1(M)$ 的关系曲线图如图 6-7 所示，可以得到调制系数的最优值应为 1.08。

相位调制频率、法珀腔的镜面反射率和腔长均与法珀腔的电场反射系数有关。选用 MATLAB 进行数值仿真，分别分析它们对 $\mathrm{Re}(F_{T_0}F_{T_+}{}^* - F_{T_0}{}^*F_{T_-})$（以下简称实部）和 $\mathrm{Im}(F_{T_0}F_{T_+}{}^* - F_{T_0}{}^*F_{T_-})$（以下简称虚部）的影响。

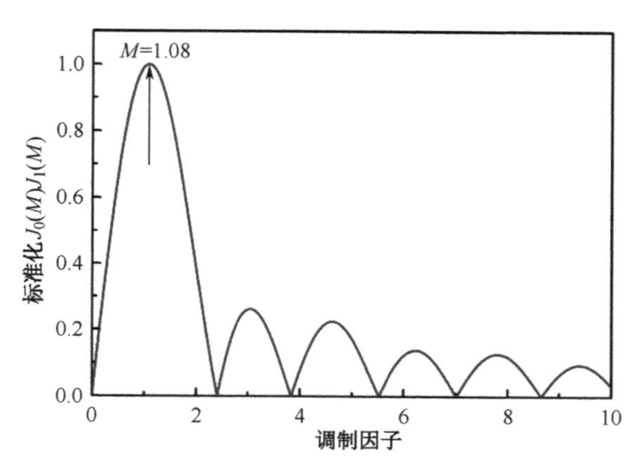

图 6-7　相位调制系数与 $J_0(M)J_1(M)$的关系曲线图

（1）相位调制频率。

在入射激光中心波长为 1.55μm、法珀腔的镜面反射率为 0.99、腔长为 2mm 的条件下，分别设定相位调制频率为 0.15MHz、1.5MHz、15MHz 和 150MHz，可以得到不同调制频率下实部和虚部的曲线图，如图 6-8 所示。从图 6-8 可以看出，无论是实部还是虚部，随着调制频率增加，误差信号的线性锁定范围和线性区斜率均增大，当调制频率大到一定值时，线性锁定范围和线性区斜率又开始减小。而且，当调制频率较小时，实部的信号幅度、线性区斜率和线性锁定范围都略大于虚部，说明此时实部在误差信号中起主要作用。当调制频率较大时，虚部的信号幅度、线性区斜率大于实部，但线性锁定范围略小于实部，说明此时虚部在误差信号中起主要作用。因此，在实际系统中，我们可以根据系统需求选择合适的调制频率。

（2）镜面反射率。

在入射激光中心波长为 1.55μm、腔长为 2mm 的条件下，选择调制频率为 15MHz，上述分析表明 15MHz 时误差信号的虚部信号起主要作用，所以这里只分析虚部信号即可。分别设定腔镜的反射率为 99%、95%和 90%，仿真得到不同镜面反射率下误差信号的曲线图如图 6-9 所示。从图 6-9 可以看出，镜面反射率越大，误差信号曲线的线性锁定范围越小，线性区斜率越大。

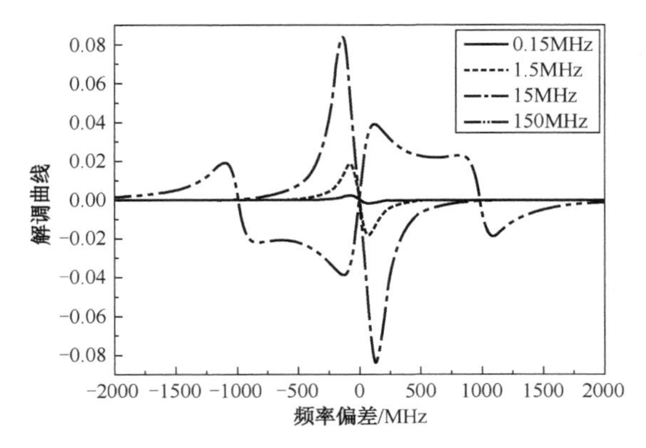

（a）实部的曲线图

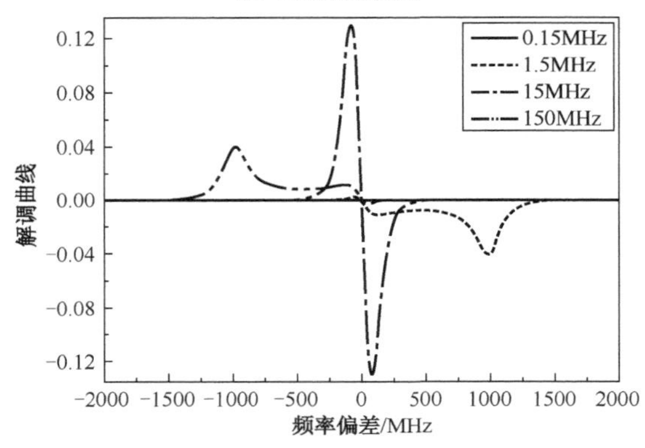

（b）虚部的曲线图

图 6-8 不同相位调制频率下的误差信号曲线图

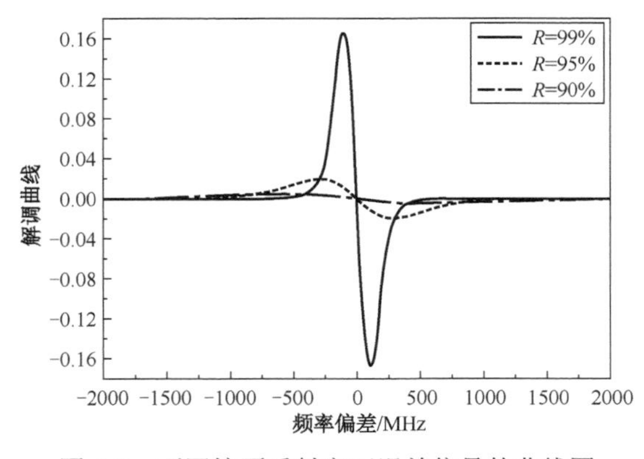

图 6-9 不同镜面反射率下误差信号的曲线图

（3）腔长。

在与（1）、（2）同样的参数条件下，分别取腔长为 1mm、2mm 和 5mm，仿真得到不同腔长下的误差信号曲线如图 6-10 所示。从图 6-10 可以看出，随着腔长增大，误差信号曲线的线性锁定范围和线性区斜率均减小，与镜面反射率对误差信号的影响相反。

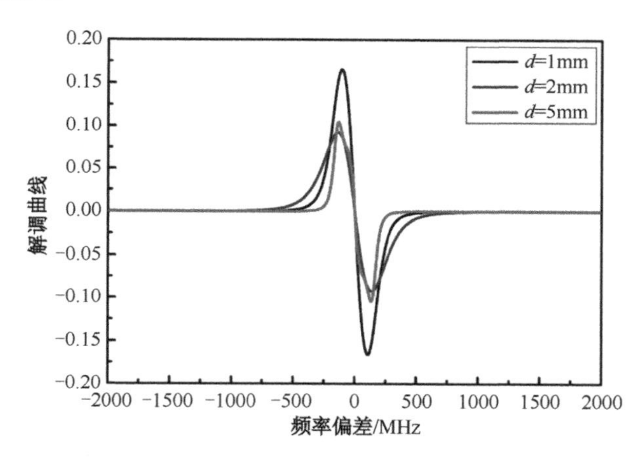

图 6-10　不同腔长下的误差信号曲线

上述分析说明基于本章所选择的镜面反射率和腔长，调制频率应该选取 15MHz 左右才可以得到线性区斜率较大的解调曲线，有利于实现高灵敏度的声探测。

6.3 谐振频率追踪与锁定技术

由法珀腔的谐振谱线及正弦波调制下的同步解调曲线对应图可以看出，谐振频率点处所对应的解调曲线幅值为零，解调曲线的线性区域关于谐振频率点奇对称。利用这两者的对应关系，我们将解调曲线作为反馈控制激光器的误差信号来进行谐振频率的追踪与锁定。

激光器反馈控制的核心部件是数字比例积分（Proportion Intergral，PI）控制模块，PI 控制模块的函数模型为

$$u(kt) = K_p e(kt) + \frac{1}{T_i}\sum_{j=0}^{k} e(jt) \tag{6-10}$$

式中，$e(kt)$ 是 PI 控制模块的输入误差信号，$u(kt)$ 是误差信号经过比例积分作用后 PI 控制模块的输出信号，K_p 是比例系数，T_i 是积分时间系数。PI 控制模块中的比例控制器可以快速调节误差。误差一旦存在，比例控制器立即控制被控量往减小误差的方向调节，增大比例增益可以降低稳态误差。积分控制器也可以消除稳态误差，积分时间决定了积分作用的强弱。积分时间越长，积分作用越弱，反之则越强。

PI 控制模块由 LabView FPGA 实现，控制系统图如图 6-11 所示。激光器的光经过相位调制后再通过法珀腔，法珀腔的透射光信号经光电探测器转换为电信号；该模拟电信号通过模数转换器将模拟信号转换为数字信号输入给锁相放大器，锁相放大器提取出激光频率与法珀腔谐振频率的差值；该频差信号作为 PI 控制模块的误差输入信号，PI 控制模块产生的反馈控制信号通过数模转换器形成模拟电信号驱动激光器的 PZT 调谐端进行频率调谐。在反馈控制回路的作用下，激光频率可以稳定锁定在法珀腔的谐振频率处。

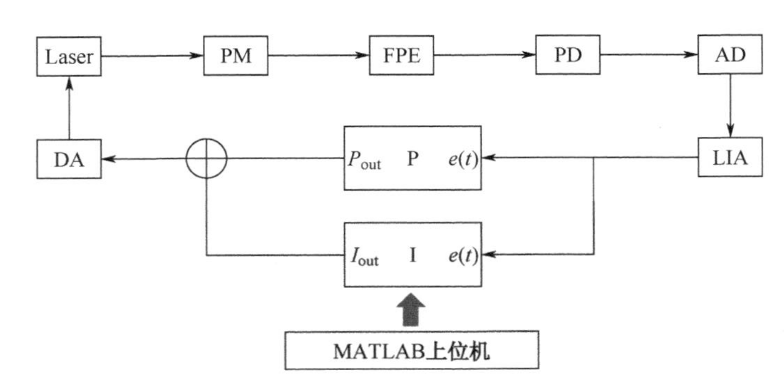

图 6-11　基于 FPGA 的 PI 控制系统图

光纤声传感器的声信号解调过程：在声信号解调系统中，对激光器的 PZT 调谐端施加三角波信号进行扫频，同时通过相位调制器对光信号施加相位调制信息，光信号经过光纤声传感器和反馈控制环路的电信号处理后，可在示波器上得到法珀腔的谐振谱线和作为误差信号的同步解调信号。到时刻 t 时，启动 PI 控制程序对激光器进行谐振频率的跟踪，将激光器的频率稳定锁定在法珀腔的谐振频率上，频率锁定实现过程示意图如图 6-12（a）所示。锁频后，向光纤声传感器播放歌曲，声传感器具有明显的声响应，具体表现为锁定后解调曲线相对零点的偏移［见图 6-12（b）］。通过从示波器上采集此时解调曲线的时域信号，用 MATLAB 进行语音信号处理可以还原出较高音质的歌曲。

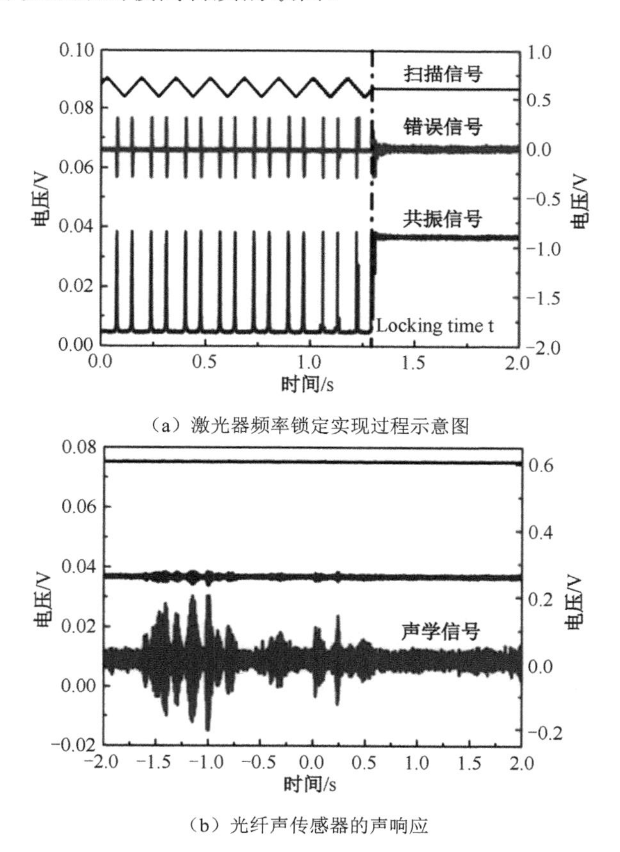

（a）激光器频率锁定实现过程示意图

（b）光纤声传感器的声响应

图 6-12　激光器频率锁定实现过程示意图及光纤声传感器的声响应

第7章 法珀腔声传感性能测试系统和方法

本章对基于法珀腔谐振效应的光纤声传感器进行了声传感性能测试和实际工程应用研究。搭建光纤声传感器声性能测试系统，在标准消音箱中完成不同相位调制频率下和基于不同品质因数法珀腔的光纤声传感器的声性能测试，验证了该光纤声传感器的应用灵活性和高声压探测潜力。另外，本章还研究了光纤声传感器的实际工程应用价值，分别进行了方向性测试、振动测试、高温测试和高声压测试，均实现了良好的声响应。

7.1 测试系统搭建及测试方法

基于法珀腔谐振效应的光纤声传感器声性能测试系统图如图 7-1 所示，激光器选用 NKT E15 可调谐窄线宽激光器，中心波长为 1550nm，通过高压放大器控制激光器的 PZT 端对激光器光波长进行扫描。激光器发出的光经相位调制器调制后进入光纤声传感器中。在标准消音箱中，光纤声传感器与标准声级计（杭州爱华 AWA5661-1）对称等距摆放在声源［压电陶瓷片（谐振频率为 1MHz）］两侧，声源由功率放大器和信号发生器驱动。发生谐振效应的光纤声传感器的透射光被光电探测器接收，经过光电转换后输入给锁相放大器，同时锁相放大器的参考端输入相位调制器调制信号的同步信号，其作用是根据相关检测原理实现微弱信号的放大提取，得到法珀腔谐振谱线的同步解调曲线，将其作为误差信号实现谐振频率的追踪与锁定，将激光器中心频率锁定在法珀腔的谐振频率处。锁频后，光纤声传感器对声信号的响应反映为同步解调曲线相对于零点的偏移。

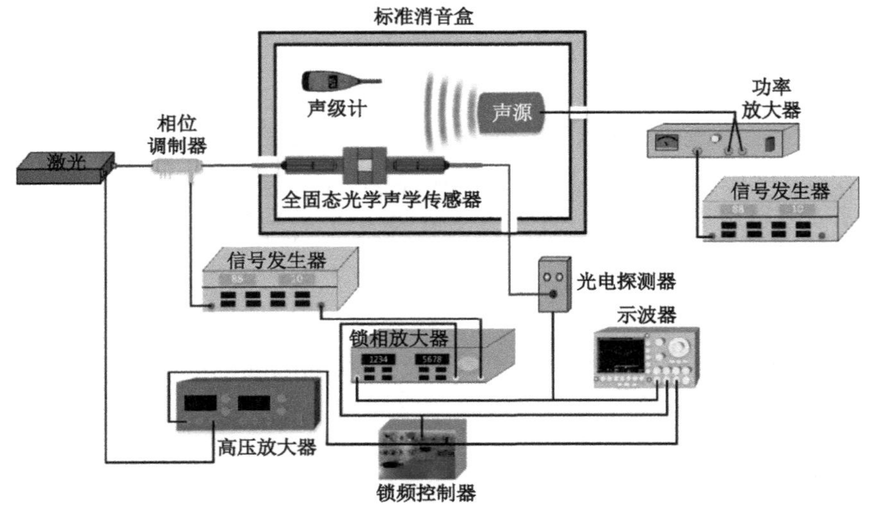

图 7-1　光纤声传感器声性能测试系统图

1. 频率响应测试方法

频率响应表示光纤声传感器对不同频率的声信号的响应能力，是一个非常重要的性能指标。实验测试过程：利用信号发生器输出一个频率范围为 20Hz～1MHz、幅值恒定为 5V 的正弦信号并施加给压电陶瓷片，使其发出不同频率的声音信号，分别在 20～100Hz 范围内间隔 10Hz、100Hz～1kHz 范围内间隔 100Hz、

1～10kHz 范围内间隔 1kHz、10～100kHz 范围内间隔 10kHz、100kHz～1MHz 范围内间隔 100kHz 取点，并在每一个频率点分别采集传感器的输出信号幅值 5 次，取其平均值 X_n，n=1,2,⋯,5。将测量数据 X_n 与频率 f 的对应数值在双对数坐标上作图，纵轴取 dB 值[20lg(max(abs(X_n)/abs(X_n))]，横轴取对数[lg(f)]。

2. 灵敏度测试方法

光纤声传感器的电压灵敏度是指光纤声传感器在敏感声信号时输出电信号与输入声信号自由场声压的比值。测试过程：扬声器在输入电压从 1V 至 5V 范围内间隔 1V 的驱动下，发出相应声压信号。分别采集声级计和光纤声传感器的输出信号，同一个声压信号下采集 5 组数据，并求得其平均值 SPL$_n$（dB）和 X_n（mV），n=1,2,⋯,5。利用声级计的输出 SPL$_n$ 获得相应的声压 p_n，做出 n 个数据对（p_n, X_n）的散点图，用最小二乘法拟合出最小二乘直线，其斜率即为光纤声传感器的灵敏度 S(mV/Pa)。

（1）输入声压 p_n

$$\mathrm{SPL}_n = 20\lg\left(\frac{p_n}{p_{\mathrm{ref}}}\right) \tag{7-1}$$

式中，$p_{\mathrm{ref}} = 2\times10^{-5}\,\mathrm{Pa}$，是空气中的参考声压。

（2）声传感器输出电压均值

$$X_N = \frac{1}{N}\sum_{i=1}^{N} X_i \tag{7-2}$$

式中，N 是测量次数，$N=5$；X_i 为测量值，$i=1,2,3,4,5$。

3. 动态范围测试方法

光纤声传感器的动态范围是指声传感器对输入声信号有线性不失真输出的区间范围，即光纤声传感器所能敏感探测的最小可探测声压与最大可探测声压之差。

最小可探测声压通常由光纤声传感器对 1kHz 声信号的响应频谱得到，根据系统的本底噪声、信噪比（SNR）、频谱分辨率带宽（RBW）和声信号输入声压（P_{in}），利用最小可探测声压（MDP）的公式，便可以计算得到光纤声传感器的最小可探测声压。

由于在声信号解调系统中，光纤声传感器对声信号的响应对应于锁频后解调曲线相对零点的偏移，因此光纤声传感器能响应的最大不失真声压由解调曲线的线性幅值 ΔV 和光纤声传感器的灵敏度 S 决定，计算公式如下：

$$P_{max} = \frac{\Delta V}{2} \Big/ S \tag{7-3}$$

最小可探测声压级和最大可探测声压级之差即为该光纤声传感器的动态范围。

4. 总谐波失真测试方法

谐波失真是指输入信号频率的各种倍频对系统的有害干扰，比如由于放大器不够理想，其在工作时，输出的信号除了包含放大了的输入成分，还新添了一些原信号的 2 倍、3 倍、4 倍甚至更高倍的频率成分（谐波），致使输出波形走样。从理论上说，谐波分量的幅值越小，失真度越低。总谐波失真是指音频信号源在通过功率放大器时，由于非线性元件所引起的输出信号比输入信号多出的额外谐波成分。对于光纤声传感器系统来说，用总谐波失真来表征系统的不完全线性和失真度。总谐波失真与频率有关，一般说来，1kHz 频率处的总谐波失真最小，因此通过对 1kHz 频率声信号的功率谱密度进行测量来计算光纤声传感器的总谐波失真，采用对数的方式来表示功率谱密度，单位为 dB。通常，以不超过 5%的电声传感器总谐波失真作为判断声信号探测系统是否线性的依据，换算为 dB 即总谐波失真小于−26dB，则认为声传感器输出响应与输入声压保持线性关系。

7.2 基于调相谱技术的法珀腔声传感测试

由式（6-9）可以得到影响解调曲线特性的因素有调制信号的调制频率和调制电压。根据光纤声传感器的声信号解调方法可知解调曲线的斜率是影响光纤声传感器灵敏度的重要指标，利用式（6-9）对 Δf 进行求导，同时令 $\Delta f=0$，可以得到解调曲线在谐振点处的斜率表达式为

$$k=\left|\frac{\mathrm{d}V_{\mathrm{error}}}{\mathrm{d}\Delta f}\right|_{\Delta f=0} \tag{7-4}$$

通过 MATLAB 仿真得到 100Vpp 调制电压下解调曲线的斜率与调制频率的关系仿真图如图 7-2 所示。当调制电压一定时，解调曲线的斜率随调制频率的增加先增大后减小。为了进一步验证理论的正确性，我们测试了调制电压固定为 10Vpp，调制频率从 1MHz 到 27MHz 以 1MHz 步进增加时光纤声传感器的解调曲线斜率，如图 7-3 所示，变化趋势与理论分析大致相符。

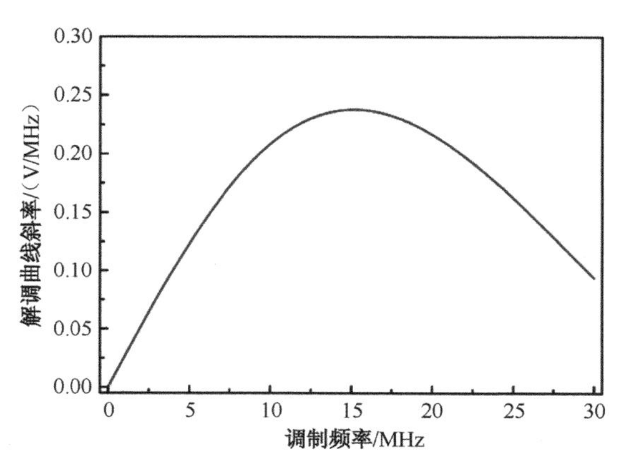

图 7-2　10Vpp 调制电压下解调曲线的斜率与调制频率的关系仿真图

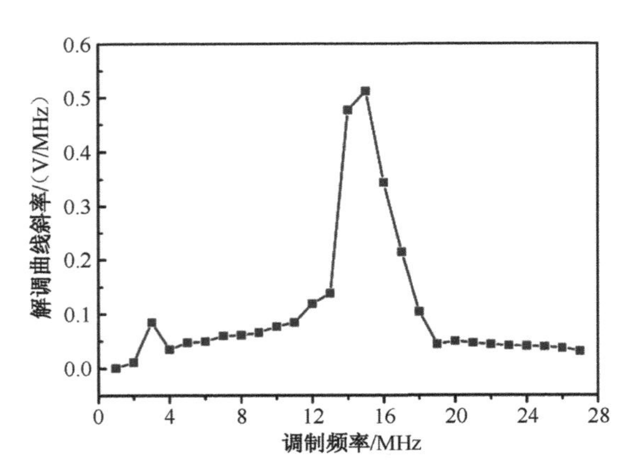

图 7-3　10Vpp 调制电压下解调曲线的斜率与调制频率的关系实测图

因为光纤声传感器的声响应对应于锁定后解调曲线相对零点的偏移，不同斜率和幅值的解调曲线将影响光纤声传感器的声性能。因此，我们测试了光纤声传感器在 1～27MHz 调制频率下的灵敏度和动态范围。下面我们分别讨论不同相位调制频率下，基于相同幅值、不同斜率和不同幅值、相同斜率的解调曲线的光纤声传感器的声性能。

如图 7-4 所示为调制频率为 13MHz、14MHz 和 19MHz 时光纤声传感器的解调曲线和实测声学性能。从图 7-4（a）中可以看出，当调制频率为 13MHz、14MHz 和 19MHz 时，解调曲线的幅值为 22.06V，幅值相同，斜率不同。根据 15MHz/V 的激光器频率调谐系数以及扫描曲线与解调曲线的对应关系，可以计算出 3 个调制频率下解调曲线的斜率分别为 0.1383V/MHz、0.4765V/MHz 和 0.0436V/MHz。同时，对光纤声传感器在上述 3 种不同调制频率下的灵敏度进行测试，结果如图 7-4（b）所示。将传感器的输入声压与输出电压进行线性拟合，拟合后的线性斜率即为光纤声传感器的灵敏度。对比图 7-4（a）、（b）中的测试结果可以发现，当解调曲线的幅值相同时，解调曲线的斜率越大，光纤声传感器的灵敏度越高。除灵敏度外，另一个具有代表性的指标是最小可检测声压，它可以更直观地表征光纤声传感器对微弱声信号的检测能力。根据图 7-5 所示的光纤声传感器对频率为 1kHz 声信号的响应频谱图，可以计算出 3 种调制频率下的最小可探测声压分别为 $610\mu Pa/\sqrt{Hz}$ 、 $409\mu Pa/\sqrt{Hz}$ 、 $1003\mu Pa/\sqrt{Hz}$ 。最小可探测声压与灵敏度的对应关系为：灵敏度越大，最小可探测声压越小，表明光纤声传感器对微弱声信号的拾取能力越强。

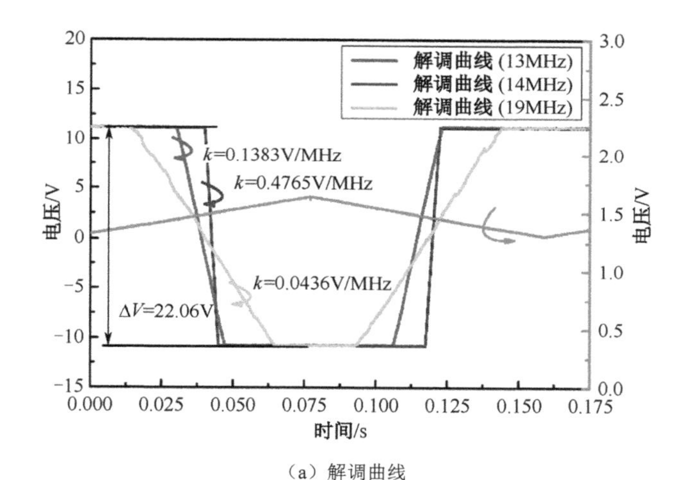

（a）解调曲线

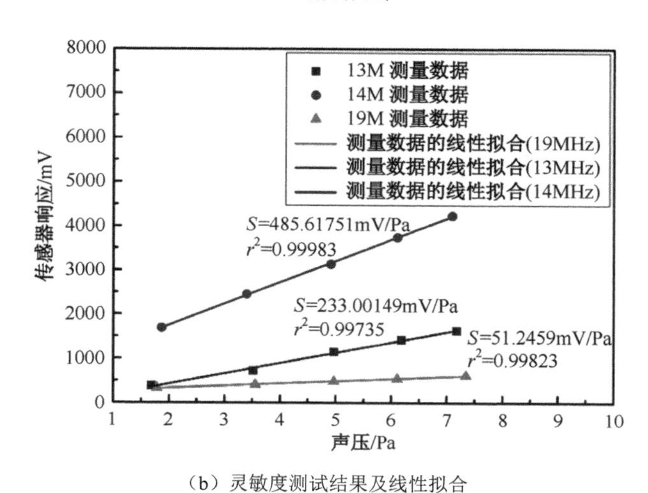

（b）灵敏度测试结果及线性拟合

图 7-4　光纤声传感器在 13MHz、14MHz 和 19MHz 调制频率下的解调曲线和实测声学性能

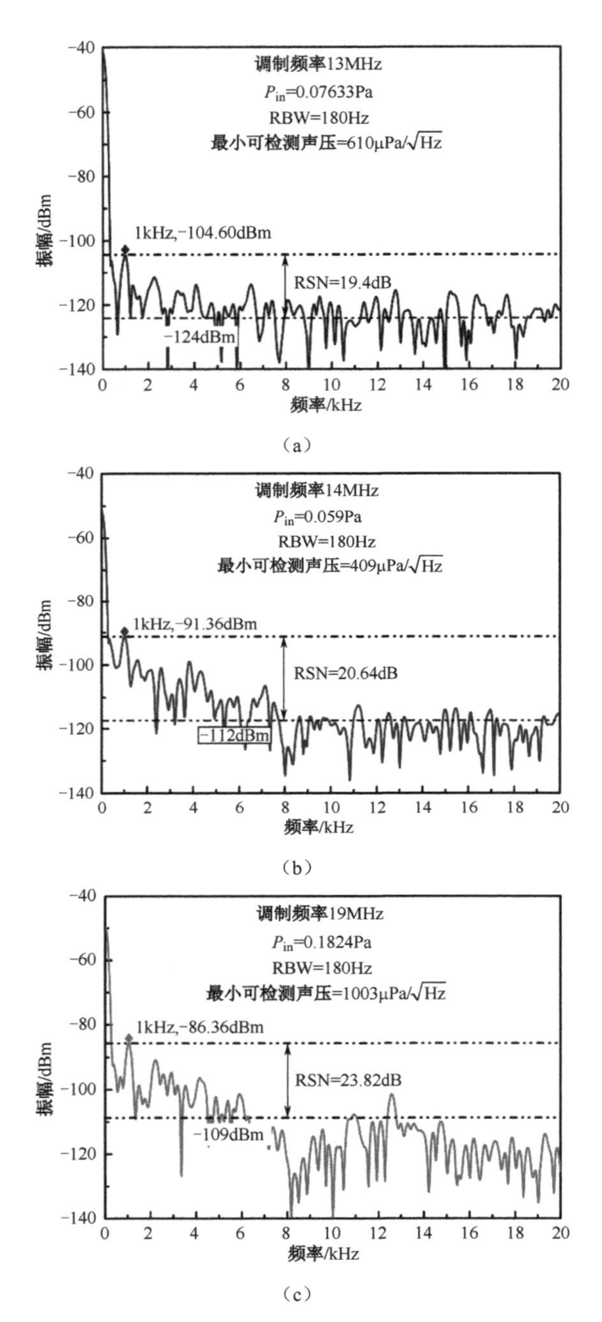

注：P_{in}表示声信号输入声压，RBW 表示频谱分辨率带宽，SNR 表示信噪比

图 7-5　光纤声传感器在 13MHz、14MHz 和 19MHz 调制频率下的响应频谱图

此外，当调制频率为 3MHz 和 27MHz 时，光纤声传感器的解调曲线也表现为相同的振幅和不同的斜率，如图 7-6（a）所示。同样地，对于相同幅值的解调曲线，斜率越大，光纤声传感器的灵敏度越大，如图 7-6（b）所示。根据解调曲线线性区域的幅值和光纤声传感器的灵敏度拟合曲线，可以计算出理论上的最大无失真可探测声压分别为 92.18Pa 和 380.54Pa，相当于声压级为 133.27dB 和 145.59dB，如图 7-6（c）所示。结果表明，对于具有相同解调曲线幅值的光纤声传感器来说，灵敏度越小，理论最大无失真可探测声压越大。

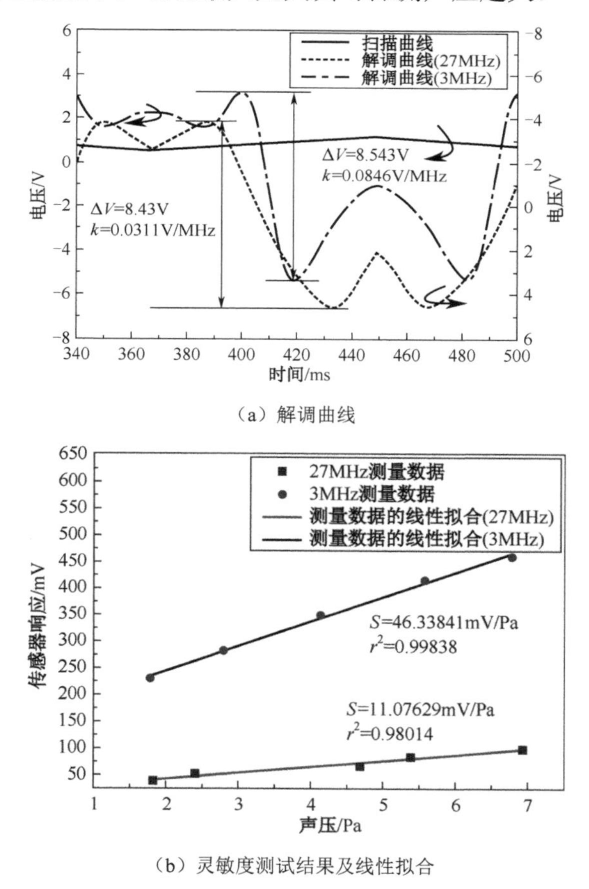

（a）解调曲线

（b）灵敏度测试结果及线性拟合

图 7-6　光纤声传感器在 3MHz 和 27MHz 调制频率下的性能

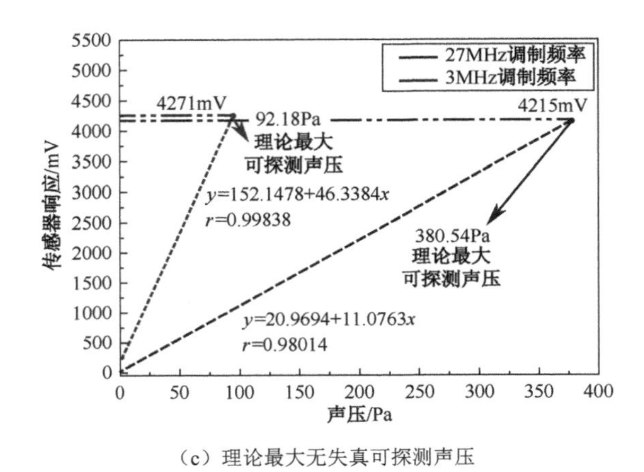

（c）理论最大无失真可探测声压

图 7-6 光纤声传感器在 3MHz 和 27MHz 调制频率下的性能（续）

在改变调制频率的过程中，解调曲线除幅值相同、斜率不同外，还存在斜率相同、幅值不同的情况。当调制频率为 7MHz 和 8MHz 时，光纤声传感器的解调曲线有大致相同的斜率和不同的幅值，如图 7-7（a）所示。实验结果表明，在两个调制频率下，光纤声传感器的灵敏度基本一致，如图 7-7（b）所示，这再次验证了光纤声传感器的灵敏度主要取决于解调曲线的斜率。在相同的灵敏度下，

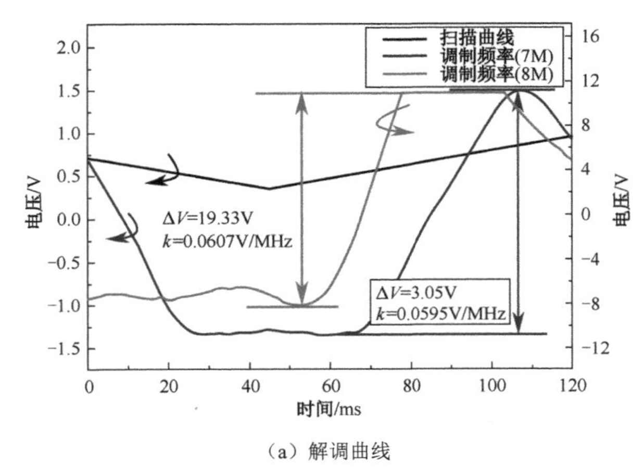

（a）解调曲线

图 7-7 光纤声传感器在 7MHz 和 8MHz 调制频率下的性能

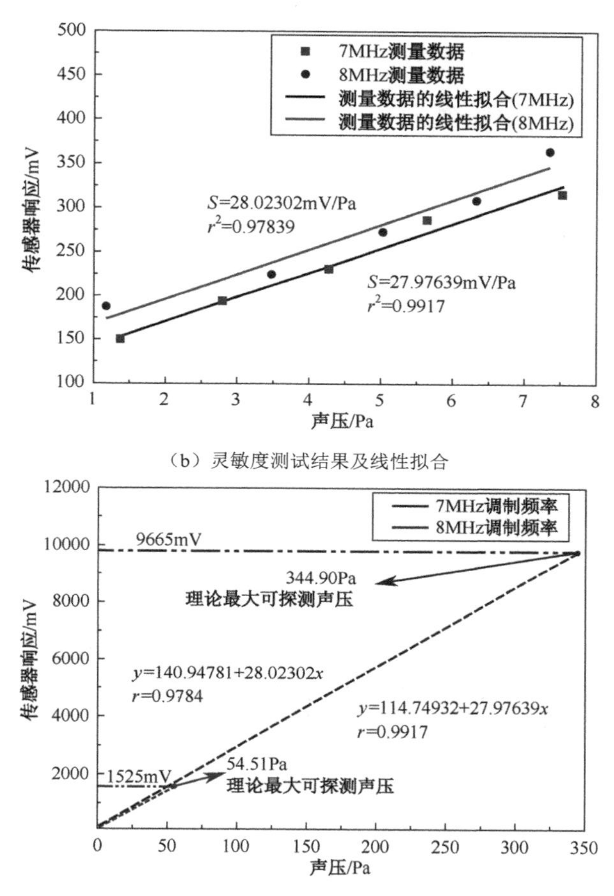

（b）灵敏度测试结果及线性拟合

（c）由解调曲线的斜率和线性幅值推算出的理论最大可探测声压

图 7-7　光纤声传感器在 7MHz 和 8MHz 调制频率下的性能（续）

解调曲线的幅值是影响光纤声传感器最大可探测声压的唯一参数。另外，两种调制频率下的解调曲线幅值不同，由图 7-7（c）可以看出，解调曲线幅值越大，光纤声传感器的理论最大可探测声压越大。

综上所述，在调相谱检测技术下，光纤声传感器的灵敏度和最小可探测声压取决于解调曲线的斜率，最大可探测声压取决于解调曲线的斜率和幅值。解调曲线的斜率和幅值也随调制频率的变化而变化。因此，光纤声传感器在不同调制频率下表现出不同的灵敏度和动态范围，如图 7-8 所示。在图 7-8（a）中，光纤声传感器在调制频率从 1MHz 到 27MHz 的变化过程中实现了 2～530mV/Pa 的大范围灵敏度，其中在 12～18MHz 实现了高灵敏度（灵敏度大于 100mV/Pa)。具有高灵敏度特性的光纤声传感器可广泛应用于睡眠监测、自然灾害预警、光声成像等领域。同时，光纤声传感器在改变调制频率的过程中实现了 90.5～106.6dB 的动态范围的声特性。其中，一大半调制频率下都实现了大动态范围（动态范围大于 100dB）的声特性。具有大动态范围的光纤声传感器适用于航空航天噪声监测、高速列车声学研究、消费电子等领域。可以看出，基于调相谱检测技术进行声信号解调，通过改变相位调制频率，可以实现光纤声传感器的性能优化和应用灵活性，可以在很大程度上促进光纤声传感器的发展。

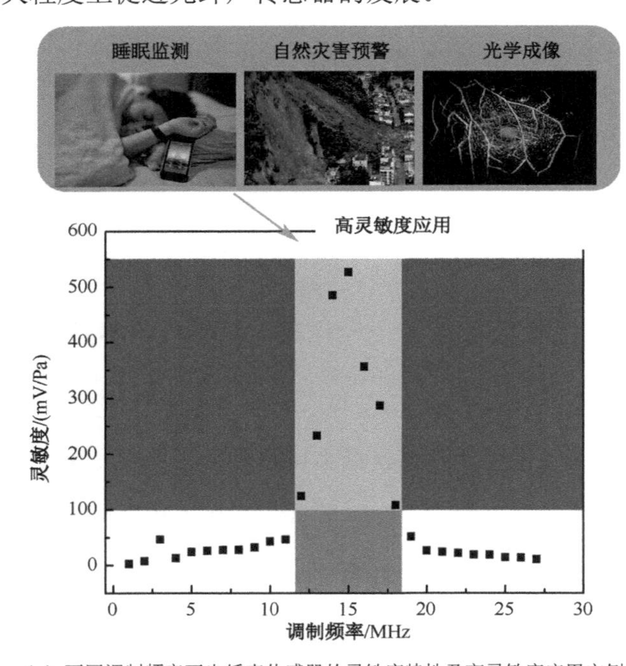

（a）不同调制频率下光纤声传感器的灵敏度特性及高灵敏度应用实例

图 7-8　光纤声传感器在不同调制频率下的灵敏度和动态范围特性

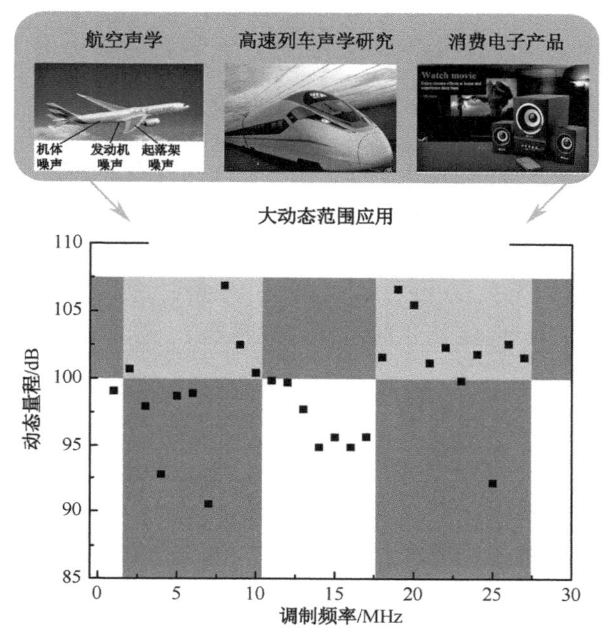

（b）不同调制频率下光纤声传感器的动态范围特性及大动态范围应用实例

图 7-8　光纤声传感器在不同调制频率下的灵敏度和动态范围特性（续）

7.3 基于不同品质因数的法珀腔声传感测试

光纤声传感器敏感单元（即法珀腔）的全刚性结构和尺寸决定了它可以承受 236.8dB 的超高声压，表明光纤声传感器的高声压探测性能可以进一步提高。因此，有必要对光纤声传感器的声学性能进行更深入的研究。作为光纤声传感器的核心声敏感元件，法珀腔的特性将直接影响光纤声传感器的声学性能。由于法珀腔的品质因数 Q 是评价光纤声传感器声响应特性的一个重要因素，而品质因数又主要由法珀腔的镜面反射率决定，反射率越大，法珀腔透射谱线的半高全宽越窄，品质因数越大，所以本书选用了 3 个具有不同镜面反射率的法珀腔作为声敏感单元进行光纤声传感器声性能研究。

下面分别对基于镜面反射率为99%、95%和85%的法珀腔的3个光纤声传感器的谐振谱线进行了测试，如图7-9所示，采样频率为50kHz。根据谐振谱线与扫描曲线的对应关系，可以由谐振谱线半高处对应扫描曲线的电压差和激光器的PZT扫描系数15MHz/V计算得到3个光纤声传感器的品质因数分别为1.04×10^6、0.61×10^6和0.27×10^6，并将其分别定义为传感器1、传感器2和传感器3。

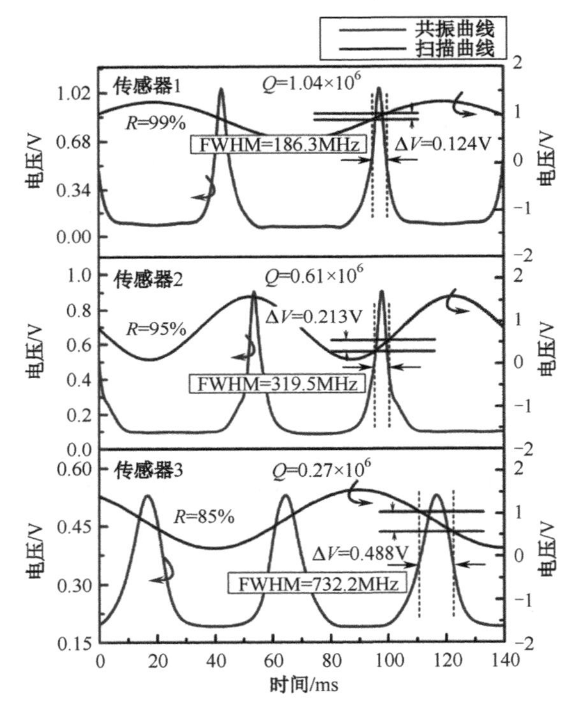

图7-9　基于镜面反射率为99%、95%和85%的法珀腔的3个光纤声传感器的谐振谱线

3个光纤声传感器的频率响应测试结果如图7-10所示，均实现了20Hz～100kHz的-3dB响应带宽，验证了基于刚性法珀腔的光纤声传感器的频率响应只取决于入射激光束直径的结论。但实际测得的频率响应范围相比前面通过理论计算得到的频率范围要窄，主要是受限于声信号解调系统中器件的响应速度和反馈

控制方式，在下一步的工作中，我们将采用基于相位调制的双环路全闭环检测方法，将一路激光器的中心频率实时锁定在法珀腔的谐振频率上，通过读取另一路控制激光器的反馈误差信号来检测声信号，可以大大扩展频响带宽。

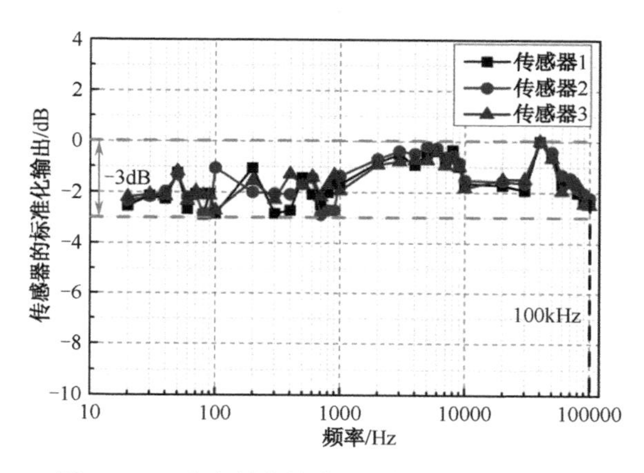

图 7-10　3 个光纤声传感器的频率响应测试结果

由 7.2 节的分析可知，光纤声传感器在不同调制频率下呈现出不同的解调曲线斜率和灵敏度，因此在测试 3 个光纤声传感器的灵敏度之前，应先对其解调曲线斜率进行检测。如图 7-11 所示为在调制信号幅值为 10Vpp、频率为 1～27MHz、以 1MHz 步长变化的情况下，光纤声传感器的解调曲线斜率变化特性。

图 7-12 是在调制频率变化的过程中所测得的 3 个光纤声传感器的灵敏度，将两个图进行对比可以发现，光纤声传感器的灵敏度变化趋势与解调曲线斜率的变化趋势一致。此外，光纤声传感器的灵敏度还与法珀腔的品质因数有关。品质因数越高，获得的灵敏度越高。从图 7-12 可以看出，在改变调制频率的过程中，传感器 1 的平均灵敏度最高，其次是传感器 2 的平均灵敏度，而传感器 3 的平均灵敏度最低。3 个光纤声传感器的最大灵敏度分别为 526.8mV/Pa、133.0mV/Pa 和 22.95mV/Pa。

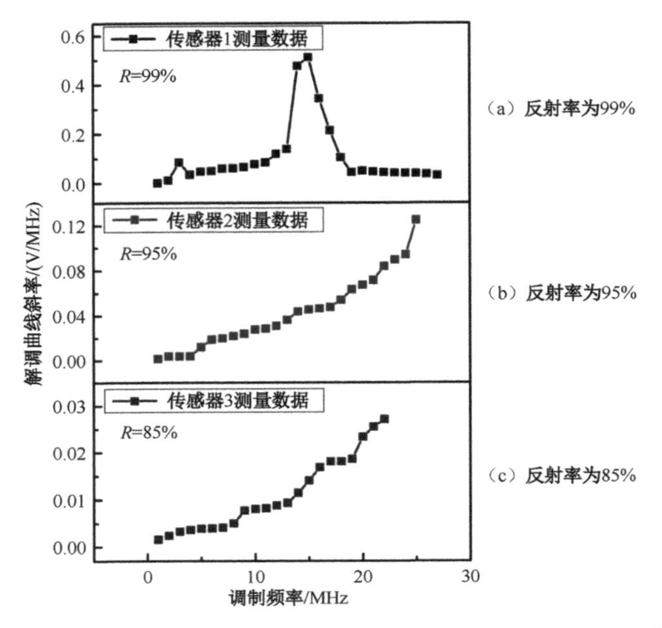

图 7-11 不同调制频率下 3 个光纤声传感器的解调曲线斜率变化特性

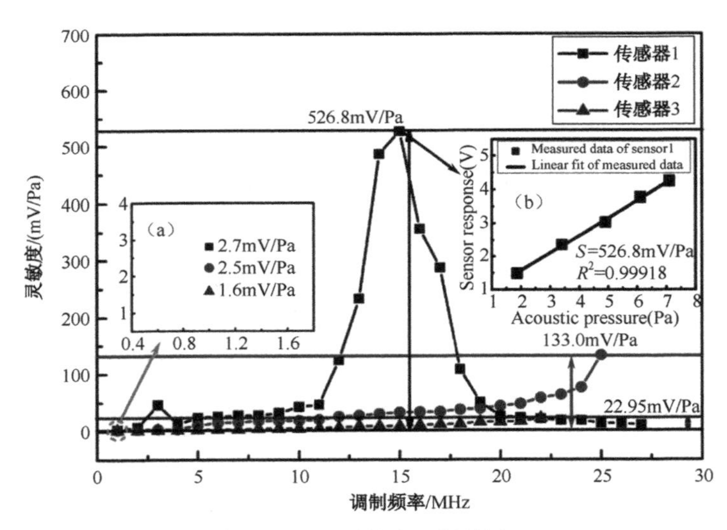

注：(a) 三个传感器在 1MHz 调制频率下的灵敏度；

(b) 传感器 1 在 15MHz 调制频率下的灵敏度测试数据和线性拟合结果。

图 7-12 3 个光纤声传感器在调制频率从 1MHz 到 27MHz 变化过程中的灵敏度

最小可探测声压是与灵敏度相对应的另一个性能指标。由前面的讨论可知，灵敏度越高，光纤声传感器拾取微弱声信号的能力越强，也就是最小可探测声压越小。由 3 个光纤声传感器获得最高灵敏度时的响应频谱（见图 7-13），可以分别计算得到其最小可探测声压为 $347.33\mu Pa/\sqrt{Hz}$、$793.18\mu Pa/\sqrt{Hz}$ 和 $2174.24\mu Pa/\sqrt{Hz}$，对应最小可探测声压级分别为 24.79dB、31.97dB 和 40.73dB。计算结果充分表明，具有高品质因数的光纤声传感器 1 对微弱声信号的检测能力最强。

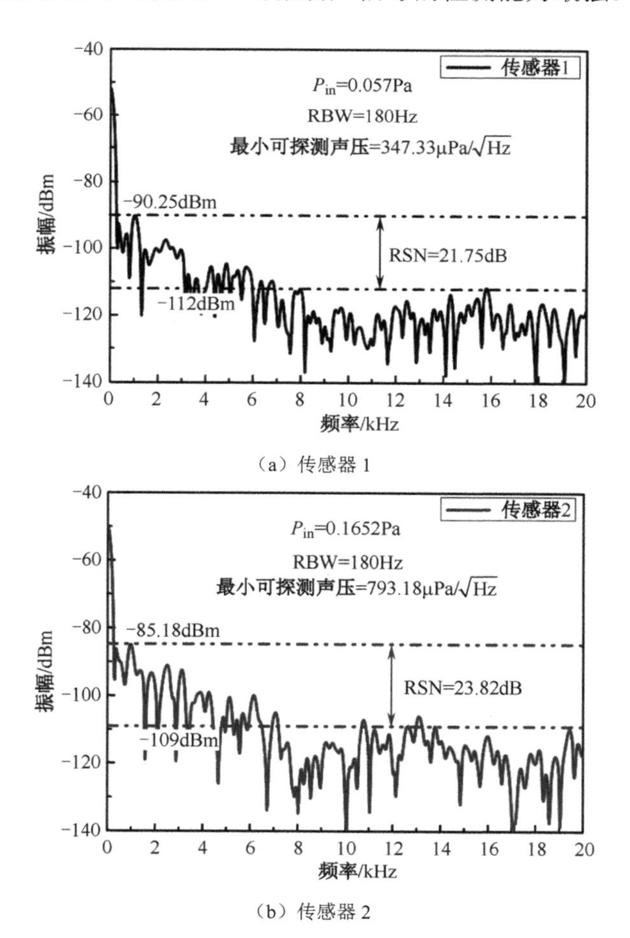

（a）传感器 1

（b）传感器 2

图 7-13　获得最高灵敏度时光纤声传感器 1、2 和 3 在 1kHz 的响应频谱

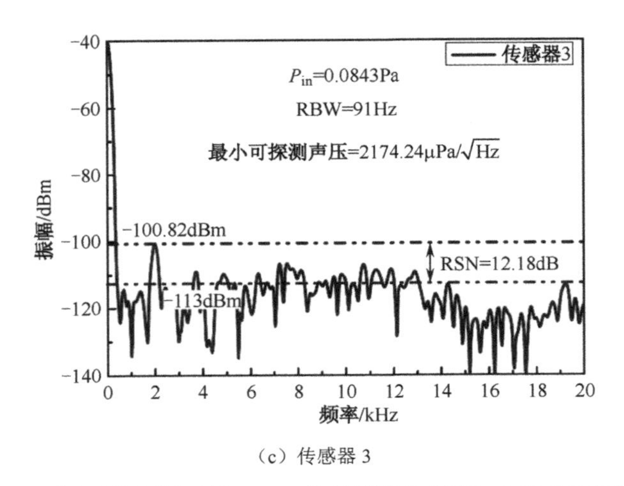

（c）传感器 3

注：P_{in} 表示声信号输入声压，RBW 表示频谱分辨率带宽，RSN 表示信噪比

图 7-13　获得最高灵敏度时光纤声传感器 1、2 和 3 在 1kHz 的响应频谱（续）

如图 7-14 所示，我们测试了 3 个光纤声传感器在 1～27MHz 调制频率下的动态范围。可以看出这 3 个传感器均实现了大于 90dB 的大动态范围。另外，动态范围随着品质因数的减小而增大。其中，光纤声传感器 3 实现了 107.2dB 的动态范围，优于光纤声传感器 1 和光纤声传感器 2。这主要是由于光纤声传感器 3 表现出较高的最大可检测声压。图 7-15 显示了 3 个光纤声传感器在不同调制频率

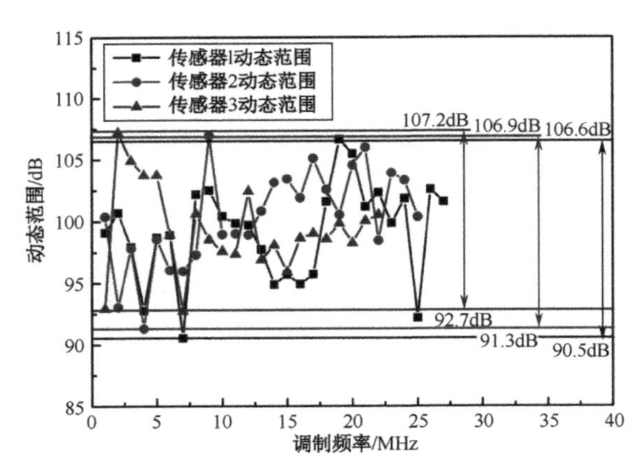

图 7-14　在 1～27MHz 调制频率下 3 个光纤声传感器的动态范围

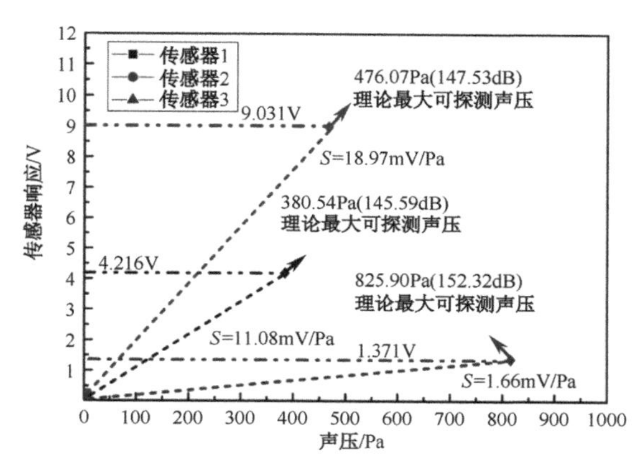

图 7-15　3 个光纤声传感器在不同调制频率下可达到的最大可探测声压

下可以达到的最大可探测声压。其中，基于品质因数 0.27×10^6 的法珀腔光纤声传感器的最大可探测声压为 152.32dB，比基于品质因数 0.61×10^6 和 1.04×10^6 的法珀腔光纤声传感器分别高 4.79dB 和 6.73dB。

3 个光纤声传感器在不同调制频率下的最大可检测声压和最小可检测声压对比图如图 7-16 所示。为了更直观地描述 3 个光纤声传感器的性能差异，表 7-1 比

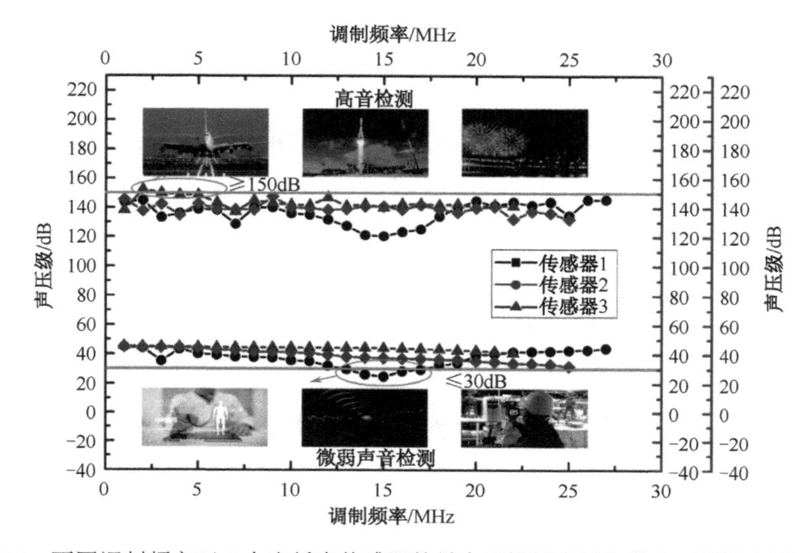

图 7-16　不同调制频率下 3 个光纤声传感器的最大可探测声压和最小可探测声压对比图

较了 3 个光纤声传感器所能达到的最佳性能。值得一提的是，光纤声传感器 1 实现的最小可测声压小于等于 30dB，可用于医疗诊断、光声成像、工业无损检测等弱声探测领域。此外，光纤声传感器 3 的最大可检测声压级大于等于 150dB，可以广泛应用于火箭发射和烟花表演的噪声监测。更重要的是，上述优点说明，对于各种声学探测领域，只要选择匹配的品质因数，就可以找到适用的光纤声传感器，这为光纤声传感器提供了一个很有前途的发展方向。

表 7-1　3 个光纤声传感器的最佳性能对比

光纤声传感器	频率响应范围/kHz	最高灵敏度/（mV/Pa）	最小可探测声压/级（μPa/ $\sqrt{\text{Hz}}$ $^{1/2}$/dB）	最大动态范围/dB	最大可探测声压/级/（Pa/dB）
光纤声传感器 1	20～100	526.8	347.33(24.79)	106.6	380.54(145.59)
光纤声传感器 2	20～100	133.0	793.18(31.97)	106.9	476.07(147.53)
光纤声传感器 3	20～100	22.95	2174.24(40.73)	107.2	825.90(152.32)

7.4 法珀腔声传感器实际工程应用测试

为了评判基于法珀腔谐振效应的光纤声传感器的实际工程应用价值，分别对其进行了方向性测试、振动测试、高温测试和高声压测试。

7.4.1 方向性测试

法珀腔声传感器的方向性是一个重要的性能参数。如果声传感器用于感应声波的压力，那么它是全方位的，即它接收来自任何方向的声音。如果声传感器对某一个或多个特定方向的声波的速度和方向做出响应，那么它就是定向的。采用如图 7-17 所示的仪器设备检测法珀腔声传感器灵敏度的方向性，传感器位于仪器的中心位置，设定传感器的透声孔的位置为 0°，采集频率为 1 kHz 的声信号的灵敏度，间隔 15°，实验结果如图 7-18 所示。

图 7-17　传感器灵敏度方向性实验装置

从图 7-18 可以看出，0° 位置和 180° 位置的传感器灵敏度为 2.79V/Pa，大于其他方向。因为这个方向是传感器的透声孔位置，声信号直接作用于法珀腔透声孔，其他位置的声信号在传播过程中垫片结构会阻挡声信号的传播，以致影响进入法珀腔的声信号的声压强度。

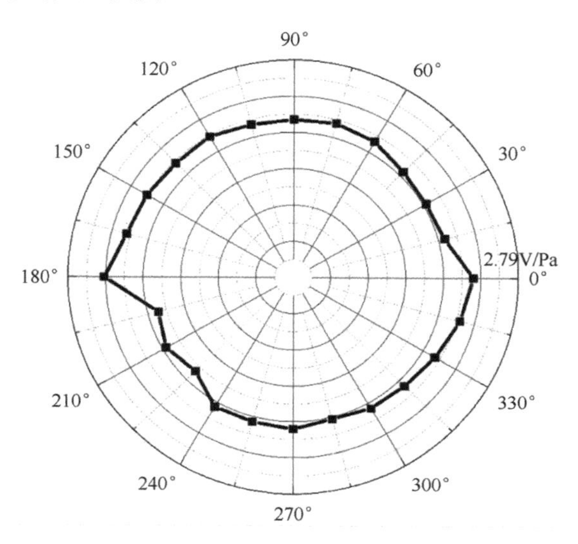

图 7-18　传感器灵敏度方向性实验结果

7.4.2 振动测试

加速度测试的目的是验证光纤声传感器在振动环境中的声性能。为了增加对比度，将光纤声传感器固定在模态激振台（JZK-10）上（见图 7-19），分别测试振动前后光纤声传感器的灵敏度和声信号响应。

图 7-19 模态激振台及光纤声传感器和加速度计在激振台上的摆放示意图

在激振台静置状态下，测得光纤声传感器的灵敏度和对 2kHz 声信号的响应幅度如图 7-20 所示，灵敏度为 57.04mV/Pa，线性系数为 0.99693，对 2kHz 声信号的响应幅度为 0.14844。加速度振动测试选择的是正弦振动，正弦振动试验条件由频率、振幅和试验持续时间 3 个参数共同决定。这里我们选择定频试验，频率为 50Hz，加速度幅值为 10g，试验持续时间为 5min。由信号发生器输出 50Hz，2Vpp 的正弦信号，经过功率放大器调节增益后施加给激振台，使其振动加速度为 10g 左右（由加速度计采集），如图 7-21 所示。在持续 5min 的振动状态下测试光纤声传感器的灵敏度和声信号响应，如图 7-22 所示，灵敏度为 56.09mV/Pa，线性系数为 0.98921，对 2kHz 声信号的响应幅度为 0.14239。与激振台静置状态

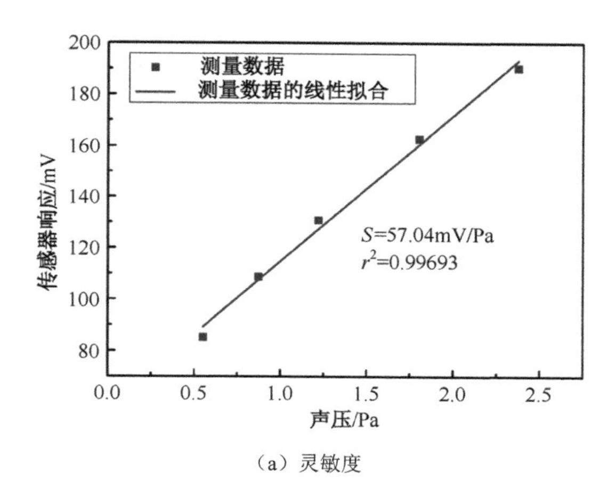

（a）灵敏度

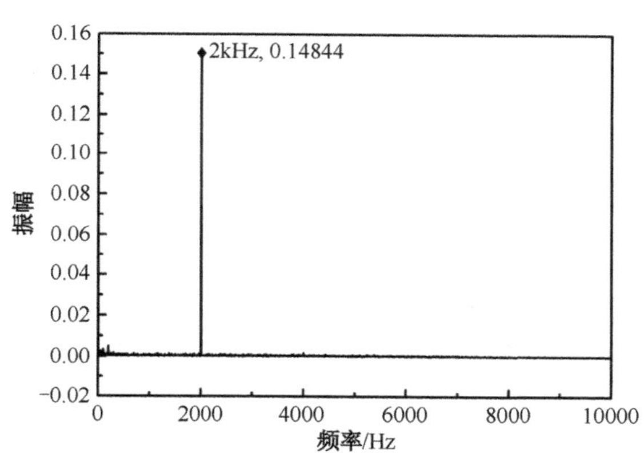

（b）对 2kHz 声信号响应的幅度

图 7-20 激振台在静置状态下光纤声传感器的灵敏度和对 2kHz 声信号响应的幅度

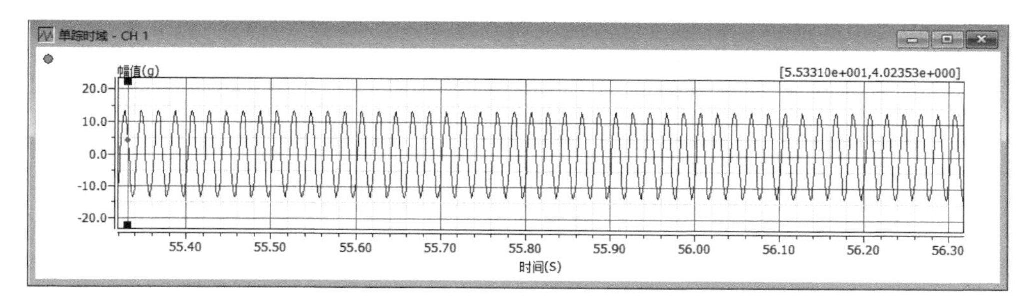

图 7-21 加速度计采集到的振动加速度

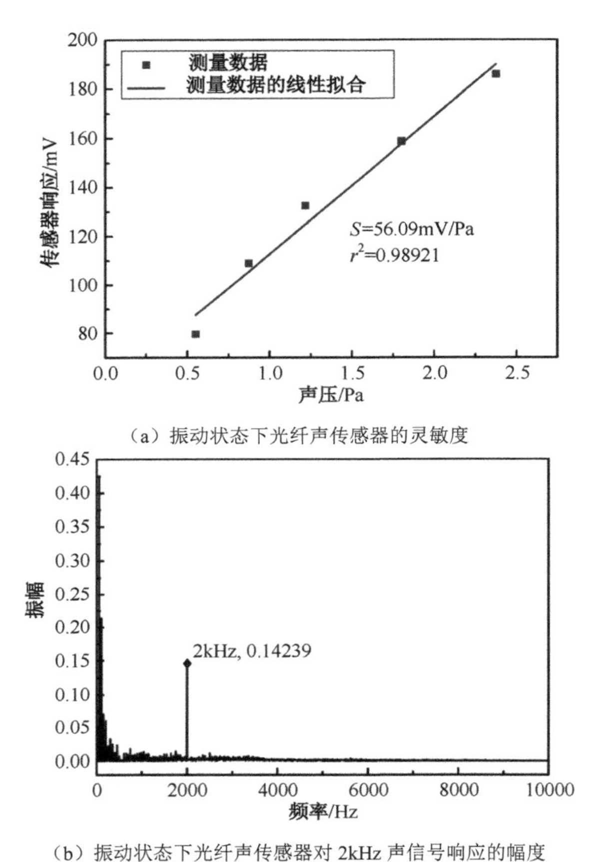

（a）振动状态下光纤声传感器的灵敏度

（b）振动状态下光纤声传感器对 2kHz 声信号响应的幅度

图 7-22　振动状态下光纤声传感器的灵敏度及
振动状态下光纤声传感器对 2kHz 声信号响应的幅度

时光纤声传感器的性能对比可以发现，振动基本不影响灵敏度的大小，但会使灵敏度的线性系数变小；对 2kHz 声信号的响应幅度影响不大，但在声信号的响应中引入了振动噪声，不过振动噪声的影响可以通过后续信号处理解决。图 7-23（a）所示是振动引起的背景噪声，图 7-23（b）所示是去除背景噪声后的声响应信号，可以看到，虽然信号响应幅度稍微减小，但振动噪声基本消除了。因此，上述对比实验证明光纤声传感器在振动状态下声响应特性基本不受影响，具有高可靠性。

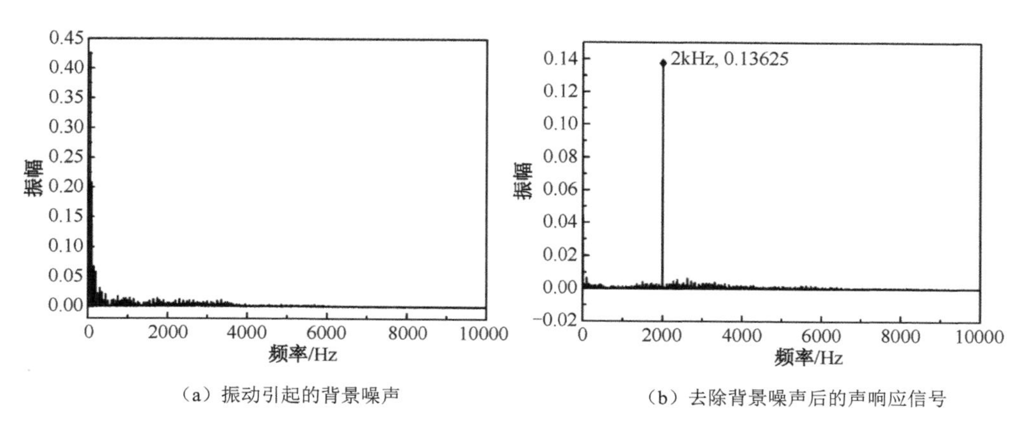

（a）振动引起的背景噪声　　（b）去除背景噪声后的声响应信号

图 7-23　振动引起的背景噪声及去除背景噪声后的声响应信号

7.4.3　高温测试

高温测试的目的是验证光纤声传感器能否能在高温环境下正常工作。高温测试分两步完成，首先测试光纤声传感器敏感单元的耐高温特性。在常温 20℃下测试光纤声传感器敏感单元的谱线，然后将其放入快速热处理设备（RTP-500+）中，设定 500℃的温度保持 1min，降温后将其取出，再次测试谱线，对比煅烧前后光纤声传感器敏感单元的性能。如图 7-24 所示为高温测试过程中放置样品和设定温度的示意图。如图 7-25 所示为煅烧前后光纤声传感器敏感单元的性能对比，可以看出煅烧前后其谱线及 Q 值基本一致，说明该光纤声传感器敏感单元可以耐 500℃的高温。

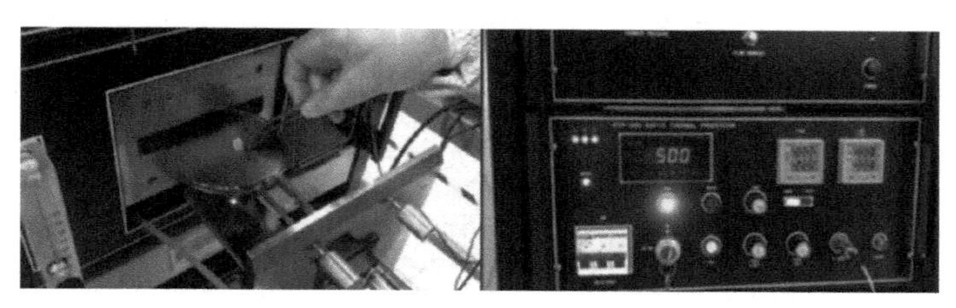

（a）放置样品　　（b）设定温度的示意图

图 7-24　高温测试过程中放置样品和设定温度的示意图

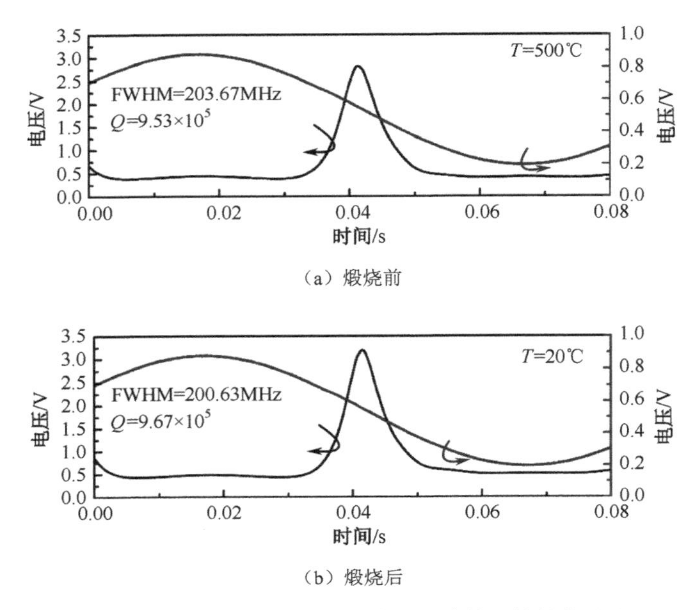

（a）煅烧前

（b）煅烧后

图 7-25　煅烧前后光纤声传感器敏感单元的性能对比

在光纤声传感器敏感单元与光纤准直器耦合对准并完成封装之后，对整个光纤声传感器进行耐高温测试。之所以选用耐高温陶瓷材料为光纤声传感器制作封装外壳和固定外壳，一方面是为了容易将光纤声传感器固定在退火炉中，另一方面是对光纤声传感器起高温防护作用。将光纤声传感器放入退火炉中进行升温，同步监测示波器上光纤声传感器谱线及相应解调曲线的变化。在温度为 20℃、100℃和 200℃时，分别对光纤声传感器的频率响应和灵敏度进行测试，测试结果如图 7-26 所示。可以得到，在不同温度下，光纤声传感器的频率响应范围均为 20Hz～70kHz，平坦度为±2dB。由于退火炉体积较大，该项测试无法在消声室中进行，所采用的声源也不同，所以频率响应范围和平坦度与前面的测试结果相比稍有差别。由灵敏度测试结果可以看到，光纤声传感器在 20℃、100℃和 200℃时的灵敏度分别为 57.5148mV/Pa、124.6935mV/Pa 和 211.0973mV/Pa，灵敏度不同的主要原因是温度升高使法珀腔腔内空气密度变小，折射率随之减小，同步解调曲线的斜率和幅值也随之增大，因此灵敏度随温度升高而增大。

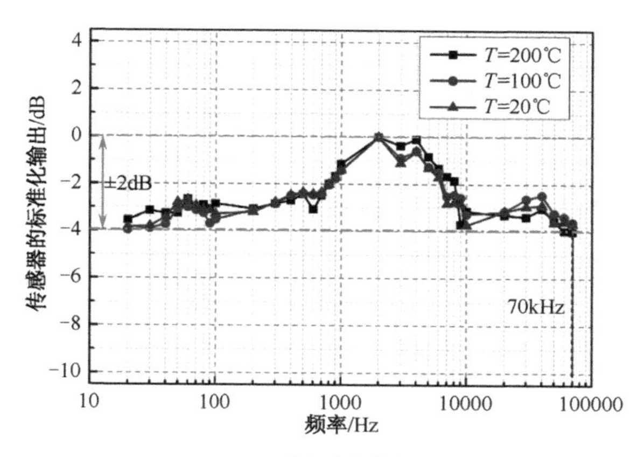

（a）频率响应曲线

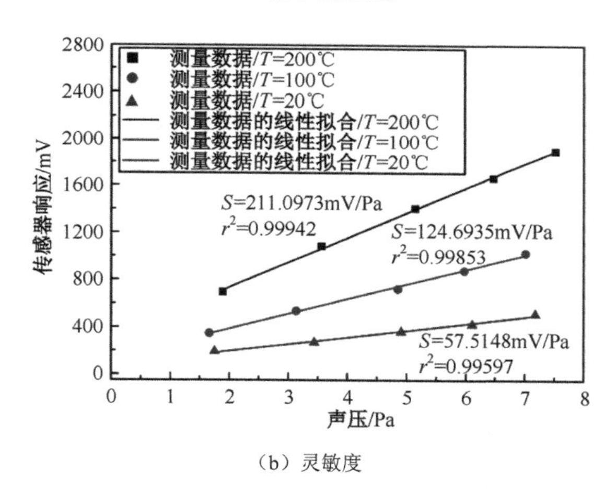

（b）灵敏度

图 7-26　不同温度下光纤声传感器的频率响应曲线和灵敏度

7.4.4　高声压测试

在高声压测试之前，在标准消音箱中对光纤声传感器的灵敏度进行室内标定测试，结果如图 7-28 所示。

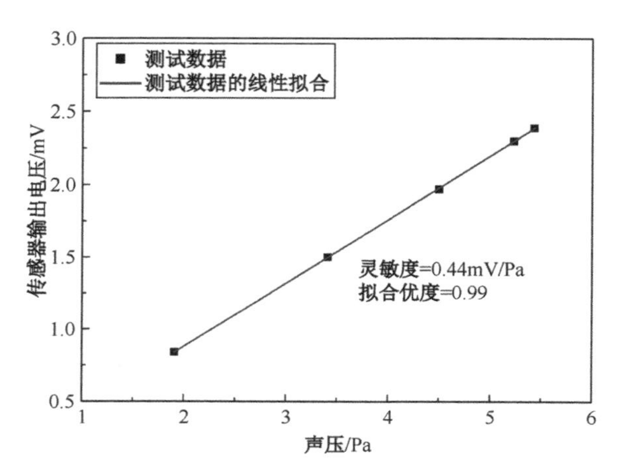

图 7-28　光纤声传感器灵敏度的室内标定结果

根据 GJB150.17A-2009《军用装备实验室环境试验方法 第 17 部分：噪声试验》标准方法的规定进行试验。试验前对受试传感器的外观进行检查，然后将受试传感器固定安装在行波场发声装置内壁上，如图 7-29 所示，受试传感器（光纤声传感器）与控制传声器安装在同一截面位置。高声压级噪声试验时控制传声器峰值声压级达到 180dB 以上。

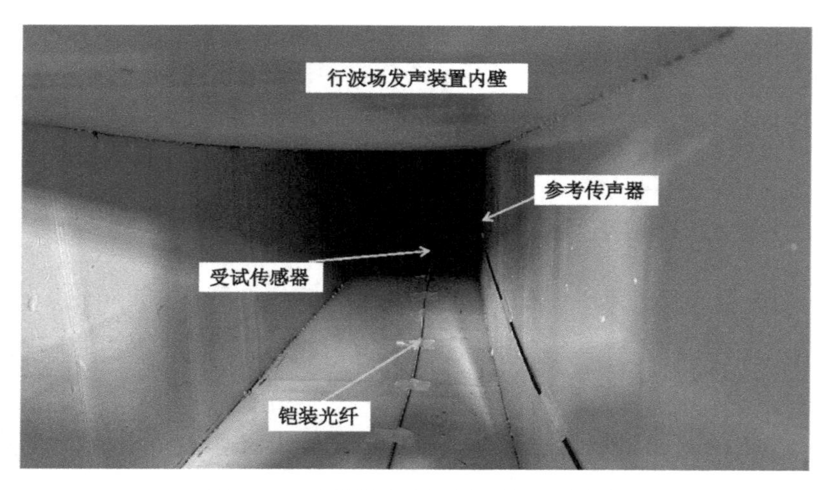

图 7-29　行波场高声压噪声试验现场图

受试传感器在 180dB 及以上声压级下可正常工作。在标准声压级为 183.20dB 处，受试传感器根据采集到的原始电压值和试验前所标定的灵敏度（0.44mV/Pa）计算得到的声压级为 182.88dB。高声压级噪声测试结果表明该类型光纤声传感器未来可用于固体火箭发动机点火试验喷射噪声的现场测试，并为固体火箭发动机型号研制和结构优化提供数据支撑和技术保障。

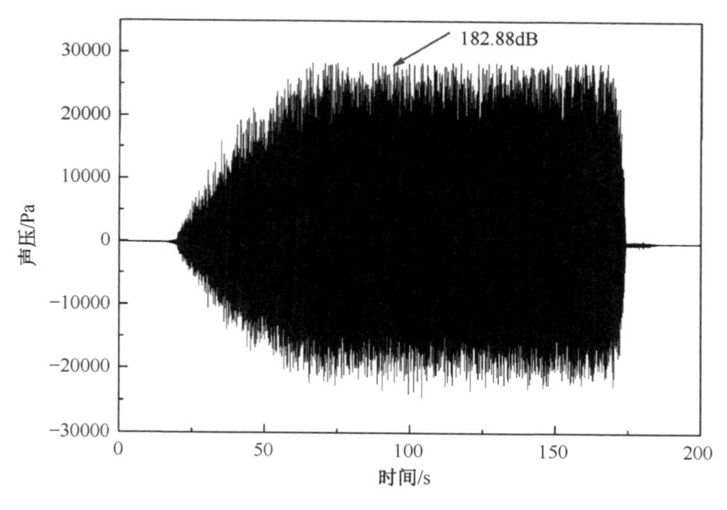

图 7-30　受试传感器所测声压值

上述 3 种测试结果表明光纤声传感器具有重要的实际工程应用价值，可用于高冲击、高温和高声压噪声等恶劣环境的声探测。

参考文献

[1] 郑海刚，黎哲君，黄金水，等. 次声波监测台阵及地震次声研究进展[J]. 地球物理学进展，2023, 38(1): 122-136.

[2] 魏建平，梁松杰，王云刚，等. 次声波监测煤岩动力灾害的可行性研究[J]. 地球物理学进展，2016, 31(2): 814-820.

[3] KUMAR A, PRASAD M, JANYANI V, et al. Design, fabrication and reliability study of piezoelectric ZnO based structure for development of MEMS acoustic sensor[J]. Microsystem Technologies, 2019, 25(12): 4517-4528.

[4] ZAWAWI S A, HAMZAH A A, MAJLIS B Y, et al. A Review of MEMS Capacitive Microphones[J]. Micromachines, 2020, 11(5): 484.

[5] LANG C H, FANG J, SHAO H, et al. High-sensitivity acoustic sensors from nanofibre webs[J]. Nature Communications, 2016, 7(1): 11108.

[6] HOROWITZ S, NISHIDA T, CATTAFESTA L, et al. Development of a micromachined piezoelectric microphone for aeroacoustics applications[J]. The Journal of the Acoustical Society of America, 2007, 122(6): 3428-3436.

[7] WILLIAMS M D, GRIFFIN B A, REAGAN T N, et al. An AlN MEMS Piezoelectric Microphone for Aeroacoustic Applications[J]. Journal of Microelectromechanical Systems, 2012, 21(2): 270-283.

[8] CHEN D, SONG S R, MA J L, et al. Micro-electromechanical film bulk acoustic sensor for plasma and whole blood coagulation monitoring[J]. Biosensors and Bioelectronics, 2017, 91: 465-471.

[9] FUJI Y, HIGASHI Y, KAJI S, et al. Highly sensitive spintronic strain-gauge sensor and Spin-MEMS microphone[J]. Japanese Journal of Applied Physics, 2019, 58(SD): SD0802.

[10] 李时光. 高声级压阻式噪声传感器[D]. 哈尔滨：哈尔滨工程大学，2011.

[11] 王晓兰,邹志弢. 一种新型SOI高声压噪声传感器研制[J]. 传感器与微系统，2018, 37(2): 109-111.

[12] GANJI B A, MAJLIS B Y. Design and fabrication of a new MEMS capacitive microphone using a perforated aluminum diaphragm[J]. Sensors and Actuators A: Physical, 2009, 149(1): 29-37.

[13] SHAH M A, SHAH I A, LEE D-G, et al. Design Approaches of MEMS Microphones for Enhanced Performance[J]. Journal of Sensors, 2019, 2019(1): 9294528.

[14] MARTIN D T, LIU J, KADIRVEL K, et al. A Micromachined Dual-Backplate Capacitive Microphone for Aeroacoustic Measurements[J]. Journal of Microelectromechanical Systems, 2007, 16(6): 1289-1302.

[15] 曹一江，孙志斌，刘晓为，等. 驻极体声传感器信号采集系统研究[J]. 传感器与微系统，2006(10): 19-21.

[16] 黄辉，郑洁，梁海，等. 新型压电驻极体脉搏分析仪[J]. 压电与声光，2015, 37(4): 575-577.

[17] 安志鸿，黄林敏，赵锦波，等. 面向空耦电声换能器应用的高性能FEP/PTFE复合膜压电驻极体物理学报[J]. 物理学报，2022, 71(2): 286-295.

[18] SHNAIDERMAN R, WISSMEYER G, ÜLGEN O, et al. A submicrometre silicon-on-insulator resonator for ultrasound detection[J]. Nature, 2020,

585(7825): 372-378.

[19] WISSMEYER G, PLEITEZ M A, ROSENTHAL A, et al. Looking at sound: optoacoustics with all-optical ultrasound detection[J]. Light: Science & Applications, 2018, 7(1): 53.

[20] THATHACHARY S V, HOWES J, ASHKENAZI S. Polymer Waveguides for Improved Sensitivity in Fiber Fabry-Perot Ultrasound Detectors[J]. IEEE Sensors Journal, 2021, 21(1): 43-50.

[21] LU B, WU B Y, GU J F, et al. Distributed optical fiber hydrophone based on Φ-OTDR and its field test[J]. Optics Express, 2021, 29(3): 3147-3162.

[22] FISCHER B. Optical microphone hears ultrasound[J]. Nature Photonics, 2016, 10(6): 356-358.

[23] CHEN J M, XUE C Y, ZHENG Y Q, et al. Micro-fiber-optic acoustic sensor based on high-Q resonance effect using Fabry-Pérot etalon[J]. Optics Express, 2021, 29(11): 16447-16454.

[24] MATTHIAS B F L, BALTHASAR F, CLINT T. Laser-Excited Acoustics for Contact-Free Inspection of Aerospace Composites[J]. Materials Evaluation, 2021, 79(1): 29-37.

[25] HAINDL R, DELORIA A J, STURTZEL C, et al. Functional optical coherence tomography and photoacoustic microscopy imaging for zebrafish larvae[J]. Biomedical Optics Express, 2020, 11(4): 2137-2151.

[26] BELL A G. Upon the production and reproduction of sound by light[J]. Journal of the Society of Telegraph Engineers, 1880, 9(34): 404-426.

[27] KAO K C, HOCKHAM G A. Dielectric-fibre surface waveguides for optical

frequencies[J]. Proceedings of the Institution of Electrical Engineers, 1966, 113(7): 1151-1158.

[28] HAYBER S E, TABARU T E, KESER S, et al. A Simple, High Sensitive Fiber Optic Microphone Based on Cellulose Triacetate Diaphragm[J]. Journal of Lightwave Technology, 2018, 36(23): 5650-5655.

[29] GUGGENHEIM J A, LI J, ALLEN T J, et al. Ultrasensitive plano-concave optical microresonators for ultrasound sensing[J]. Nature Photonics, 2017, 11(11): 714-719.

[30] BASIRI-ESFAHANI S, ARMIN A, FORSTNER S, et al. Precision ultrasound sensing on a chip[J]. Nature Communications, 2019, 10(1): 132.

[31] GAO R, ZHANG M Y, QI Z-M. Miniature all-fibre microflown directional acoustic sensor based on crossed self-heated micro-Co2+-doped optical fibre Bragg gratings[J]. Applied Physics Letters, 2018, 113(13): 134102.

[32] GONG Z F, CHEN Y W, GAO T L, et al. Parylene-C diaphragm-based low-frequency photoacoustic sensor for space-limited trace gas detection[J]. Optics and Lasers in Engineering, 2020, 134: 106288.

[33] FU X, LU P, ZHANG J, et al. Micromachined extrinsic Fabry-Perot cavity for low-frequency acoustic wave sensing[J]. Optics Express, 2019, 27(17): 24300-24310.

[34] WESTERVELD W J, MAHMUD-UL-HASAN M, SHNAIDERMAN R, et al. Sensitive, small, broadband and scalable optomechanical ultrasound sensor in silicon photonics[J]. Nature Photonics, 2021, 15(5): 341-345.

[35] 高椿明，聂峰，张萍，等. 光纤声传感器综述[J]. 光电工程，2018, 45(9):

116-125.

[36] BUCARO J A, LAGAKOS N, COLE J H, et al. Fiber Optic Acoustic Transduction[J]., Physical Acoustics, 1982, 16(1): 385-457.

[37] SPILLMAN W B, MCMAHON D H. Frustrated-total-internal-reflection multimode fiber-optic hydrophone[J]. Applied Optics, 1980, 19(1): 113-117.

[38] CHEN R, FERNANDO G F, BUTLER T, et al. A novel ultrasound fibre optic sensor based on a fused-tapered optical fibre coupler[J]. Measurement Science and Technology, 2004, 15(8): 1490-1495.

[39] LI F M, LIU Y Y, WANG L J, et al. Investigation on the response of fused taper couplers to ultrasonic wave[J]. Applied Optics, 2015, 54(23): 6986-6993.

[40] 于洪峰，王伟，王世宁，等. 一种基于感声波纹结构的光学式声传感器[J]. 传感器与微系统，2014, 33(9): 68-70+73.

[41] FISHER N E, WEBB D J, PANNELL C N, et al. Ultrasonic hydrophone based on short in-fiber Bragg gratings[J]. Applied Optics, 1998, 37(34): 8120-8128.

[42] BAI-OU G, HWA-YAW T, SIEN-TING L, et al. Ultrasonic hydrophone based on distributed Bragg reflector fiber laser[J]. IEEE Photonics Technology Letters, 2005, 17(1): 169-171.

[43] WU Q, OKABE Y. High-sensitivity ultrasonic phase-shifted fiber Bragg grating balanced sensing system[J]. Optics Express, 2012, 20(27): 28353-28362.

[44] SARKAR B, MISHRA D K, KOLEY C, et al. Intensity-Modulated Fiber Bragg Grating Sensor for Detection of Partial Discharges Inside High-Voltage Apparatus[J]. IEEE Sensors Journal, 2016, 16(22): 7950-7957.

[45] ZHAO Y J, NI J S, ZHANG F X, et al. Study on the Characters of Phase-Shifted

Fiber Bragg Grating in Asymmetric Perturbation and Its Application in Fiber Laser Acoustic Sensor[J]. Photonic Sensors, 2018, 8(4): 351-357.

[46] ZHANG T Z, PANG F F, LIU H H, et al. A Fiber-Optic Sensor for Acoustic Emission Detection in a High Voltage Cable System[J]. Sensors, 2016, 16(12): 2026.

[47] JIA J S, JIANG Y, ZHANG L C, et al. Symbiosis-Michelson Interferometer-Based Detection Scheme for the Measurement of Dynamic Signals[J]. IEEE Sensors Journal, 2019, 19(18): 7988-7992.

[48] HUANG S-C, LIN W-W, TSAI M-T, et al. Fiber optic in-line distributed sensor for detection and localization of the pipeline leaks[J]. Sensors and Actuators A: Physical, 2007, 135(2): 570-579.

[49] HAJIREZA P, KRAUSE K, BRETT M, et al. Glancing angle deposited nanostructured film Fabry-Perot etalons for optical detection of ultrasound[J]. Optics Express, 2013, 21(5): 6391-6400.

[50] NIU S L, HU Y M, HU Z L, et al. Fiber Fabry–Pérot Hydrophone Based on Push–Pull Structure and Differential Detection[J]. IEEE Photonics Technology Letters, 2011, 23(20): 1499-1501.

[51] HORIUCHI N. Fibre-optic pickup[J]. Nature Photonics, 2012, 6(2): 80-80.

[52] ZHANG X L, MENG Z, HU Z L. Sensing system with Michelson-type fiber optical interferometer based on single FBG reflector[J]. Chinese Optics Letters, 2011, 9(11): 110601.

[53] LIU L, LU P, LIAO H, et al. Fiber-Optic Michelson Interferometric Acoustic Sensor Based on a PP/PET Diaphragm[J]. IEEE Sensors Journal, 2016, 16(9):

3054-3058.

[54] FAN P J, YAN W, LU P, et al. High sensitivity fiber-optic Michelson interferometric low-frequency acoustic sensor based on a gold diaphragm[J]. Optics Express, 2020, 28(17): 25238-25249.

[55] ZHANG B, CHEN K, GUO M, et al. Dual Enhanced Fiber-Optic Microphone Using Sensitive Diaphragm-Free Transducer and Ultrahigh-Resolution Spectral Demodulation[J]. IEEE Transactions on Instrumentation and Measurement, 2021, 70(1): 1-8.

[56] MARKOWSKI K, TURKIEWICZ J, OSUCH T. Optical microphone based on Sagnac interferometer with polarization maintaining optical fibers[C]. SPIE Proceedings, 2013, 8903(1): 89030Q.

[57] MA J, YU Y Q, JIN W. Demodulation of diaphragm based acoustic sensor using Sagnac interferometer with stable phase bias[J]. Optics Express, 2015, 23(22): 29268-29278.

[58] FU X, LU P, NI W J, et al. Intensity Demodulation Based Fiber Sensor for Dynamic Measurement of Acoustic Wave and Lateral Pressure Simultaneously[J]. IEEE Photonics Journal, 2016, 8(6): 1-13.

[59] BUCARO J A, DARDY H D, CAROME E F. Optical fiber acoustic sensor[J]. Applied Optics, 1977, 16(7): 1761-1762.

[60] GALLEGO D, LAMELA H. High-sensitivity ultrasound interferometric single-mode polymer optical fiber sensors for biomedical applications[J]. Optics Letters, 2009, 34(12): 1807-1809.

[61] PAWAR D, RAO C N, CHOUBEY R K, et al. Mach-Zehnder interferometric

photonic crystal fiber for low acoustic frequency detections[J]. Applied Physics Letters, 2016, 108(4): 1-4.

[62] DASS S, JHA R. Underwater low acoustic frequency detection based on in-line Mach–Zehnder interferometer[J]. Journal of the Optical Society of America B, 2021, 38(2): 570-575.

[63] WU Y, YU C B, WU F, et al. A Highly Sensitive Fiber-Optic Microphone Based on Graphene Oxide Membrane[J]. Journal of Lightwave Technology, 2017, 35(19): 4344-4349.

[64] ALCOZ J J, LEE C E, TAYLOR H F. Embedded fiber-optic Fabry-Perot ultrasound sensor[J]. IEEE Transactions on Ultrasonics, Ferroelectrics, and Frequency Control, 1990, 37(4): 302-306.

[65] VILLATORO J, FINAZZI V, COVIELLO G, et al. Photonic-crystal-fiber-enabled micro-Fabry–Perot interferometer[J]. Optics Letters, 2009, 34(16): 2441-2443.

[66] RAO Y J, ZHU T, YANG X C, et al. In-line fiber-optic etalon formed by hollow-core photonic crystal fiber[J]. Optics Letters, 2007, 32(18): 2662-2664.

[67] GAO S C, ZHANG W G, BAI Z Y, et al. Microfiber-Enabled In-line Fabry–Pérot Interferometer for High-Sensitive Force and Refractive Index Sensing[J]. Journal of Lightwave Technology, 2014, 32(9): 1682-1688.

[68] SHAO Z H, RONG Q Z, CHEN F Y, et al. High-spatial-resolution ultrasonic sensor using a micro suspended-core fiber[J]. Optics Express, 2018, 26(8): 10820-10832.

[69] WANG X X, JIANG Y H, LI Z Y, et al. Sensitivity Characteristics of Microfiber Fabry-Perot Interferometric Photoacoustic Sensors[J]. Journal of Lightwave

Technology, 2019, 37(17): 4229-4235.

[70] FAN H B, ZHANG L, GAO S, et al. Ultrasound sensing based on an in-fiber dual-cavity Fabry–Perot interferometer[J]. Optics Letters, 2019, 44(15): 3606-3609.

[71] QU Z Y, LU P, LI Y J, et al. Low-frequency acoustic Fabry–Pérot fiber sensor based on a micromachined silicon nitride membrane[J]. Chinese Optics Letters, 2020, 18(10): 101201.

[72] WANG D H, JIA P G, WANG S J, et al. Tip-sensitive all-silica fiber-optic Fabry–Perot ultrasonic hydrophone for charactering high intensity focused ultrasound fields[J]. Applied Physics Letters, 2013, 103(4): 1-5.

[73] AKKAYA O C, AKKAYA O, DIGONNET M J F, et al. Modeling and Demonstration of Thermally Stable High-Sensitivity Reproducible Acoustic Sensors[J]. Journal of Microelectromechanical Systems, 2012, 21(6): 1347-1356.

[74] LIU B, LIN J, WANG J, et al. MEMS-Based High-Sensitivity Fabry–Perot Acoustic Sensor With a 45° Angled Fiber[J]. IEEE Photonics Technology Letters, 2016, 28(5): 581-584.

[75] WU G M, XIONG L S, DONG Z F, et al. Development of highly sensitive fiber-optic acoustic sensor and its preliminary application for sound source localization[J]. Journal of Applied Physics, 2021, 129(16): 1-9.

[76] DASS S, KACHHAP S, JHA R. Hearing the Sounds of Aquatic Life Using Optical Fiber Microtip-Based Hydrophone[J]. IEEE Transactions on Instrumentation and Measurement, 2020, 69(7): 4015-4020.

[77] BEARD P C, MILLS T N. Extrinsic optical-fiber ultrasound sensor using a thin polymer film as a low-finesse Fabry–Perot interferometer[J]. Applied Optics, 1996, 35(4): 663-675.

[78] BEARD P C, HURRELL A M, MILLS T N. Characterization of a polymer film optical fiber hydrophone for use in the range 1 to 20 MHz: A comparison with PVDF needle and membrane hydrophones[J]. IEEE Transactions on Ultrasonics, Ferroelectrics, and Frequency Control, 2000, 47(1): 256-264.

[79] MORRIS P, HURRELL A, SHAW A, et al. A Fabry–Pérot fiber-optic ultrasonic hydrophone for the simultaneous measurement of temperature and acoustic pressure[J]. The Journal of the Acoustical Society of America, 2009, 125(6): 3611-3622.

[80] GONG Z F, CHEN K, ZHOU X L, et al. High-Sensitivity Fabry-Perot Interferometric Acoustic Sensor for Low-Frequency Acoustic Pressure Detections[J]. Journal of Lightwave Technology, 2017, 35(24): 5276-5279.

[81] KILIC O, DIGONNET M, KINO G, et al. External fibre Fabry–Perot acoustic sensor based on a photonic-crystal mirror[J]. Measurement Science and Technology, 2007, 18(10): 3049-3054.

[82] JO W, AKKAYA O C, SOLGAARD O, et al. Miniature fiber acoustic sensors using a photonic-crystal membrane[J]. Optical Fiber Technology, 2013, 19(6, Part B): 785-792.

[83] LORENZO S, WONG Y P, SOLGAARD O. Optical Fiber Photonic Crystal Hydrophone for Cellular Acoustic Sensing[J]. IEEE Access, 2021, 9: 42305-42313.

[84] MA J, XUAN H F, HO H L, et al. Fiber-Optic Fabry–Pérot Acoustic Sensor With Multilayer Graphene Diaphragm[J]. IEEE Photonics Technology Letters, 2013, 25(10): 932-935.

[85] LI C, GAO X Y, GUO T T, et al. Analyzing the applicability of miniature ultra-high sensitivity Fabry–Perot acoustic sensor using a nanothick graphene diaphragm[J]. Measurement Science and Technology, 2015, 26(8): 085101.

[86] NI W J, LU P, FU X, et al. Ultrathin graphene diaphragm-based extrinsic Fabry-Perot interferometer for ultra-wideband fiber optic acoustic sensing[J]. Optics Express, 2018, 26(16): 20758-20767.

[87] MONTEIRO C S, RAPOSO M, RIBEIRO P A, et al. Acoustic Optical Fiber Sensor Based on Graphene Oxide Membrane[J]. Sensors, 2021, 21(7): 2336.

[88] WANG S C, CHEN W G. A Large-Area and Nanoscale Graphene Oxide Diaphragm-Based Extrinsic Fiber-Optic Fabry–Perot Acoustic Sensor Applied for Partial Discharge Detection in Air[J]. Nanomaterials, 2020, 10(11): 2312.

[89] WANG J X, ZHAO J J, WANG J Y, et al. A multi-frequency fiber optic acoustic sensor based on graphene-oxide Fabry-Perot microcavity[J]. Optical Fiber Technology, 2021, 65: 102607.

[90] LIU B, LIN J, LIU H, et al. Extrinsic Fabry-Perot fiber acoustic pressure sensor based on large-area silver diaphragm[J]. Microelectronic Engineering, 2016, 166: 50-54.

[91] LIU B, ZHOU H, LIU L, et al. An Optical Fiber Fabry-Perot Microphone Based on Corrugated Silver Diaphragm[J]. IEEE Transactions on Instrumentation and Measurement, 2018, 67(8): 1994-2000.

[92] QI X G, WANG S, JIANG J F, et al. Flywheel-like diaphragm-based fiber-optic Fabry–Perot frequency tailored acoustic sensor[J]. Journal of Physics D: Applied Physics, 2020, 53(41): 415102.

[93] XIANG Z W, DAI W Y, RAO W Y, et al. A Gold Diaphragm-Based Fabry-Perot Interferometer With a Fiber-Optic Collimator for Acoustic Sensing[J]. IEEE Sensors Journal, 2021, 21(16): 17882-17888.

[94] LIU J, YUAN L, LEI J C, et al. Micro-cantilever-based fiber optic hydrophone fabricated by a femtosecond laser[J]. Optics Letters, 2017, 42(13): 2459-2462.

[95] YUAN L, ZHANG Y N, LIU J, et al. Ultrafast laser ablation of silica optical fibers for fabrication of diaphragm/cantilever-based acoustic sensors[J]. Journal of Laser Applications, 2017, 29(2): 022206.

[96] ZHANG W L, WANG R H, RONG Q Z, et al. An optical fiber Fabry-Perot interferometric sensor based on functionalized diaphragm for ultrasound detection and imaging[J]. IEEE Photonics Journal, 2017, 9(3): 1-8.

[97] MORADI H, PARVIN P, OJAGHLOO A, et al. Ultrasensitive fiber optic Fabry Pérot acoustic sensor using phase detection[J]. Measurement, 2021, 172: 108953.

[98] LIU X Y, JIANG J F, WANG S, et al. A Compact Fiber Optic Fabry–Perot Sensor for Simultaneous Measurement of Acoustic and Temperature[J]. IEEE Photonics Journal, 2019, 11(6): 1-10.

[99] MIZUSHIMA D, TSUDA N, YAMADA J. Study on laser microphone using self-couping effect of semiconductor laser for sensitivity improvement[C]. 2016 IEEE Sensors, 2016: 1-3.

[100] FISCHER B, FRUHWIRTH R, WINTNER E. Optical pressure transducer

without membrane: An analysis of sensor noise sources[C]. INTER-NOISE and NOISE-CON Congress and Conference Proceedings, 2011: 2840-2050.

[101] ZHU W H, LI D Y, LIU J J, et al. Membrane-free acoustic sensing based on an optical fiber Mach–Zehnder interferometer[J]. Applied Optics, 2020, 59(6): 1775-1779.

[102] NI W J, LU P, FU X, et al. Highly Sensitive Optical Fiber Curvature and Acoustic Sensor Based on Thin Core Ultralong Period Fiber Grating[J]. IEEE Photonics Journal, 2017, 9(2): 1-9.

[103] YIN H H, SHAO Z H, CHEN F Y, et al. Highly Sensitive Ultrasonic Sensor Based on Polymer Bragg Grating and its Application for 3D Imaging of Seismic Physical Model[J]. Journal of Lightwave Technology, 2022, 40(15): 5294-5299.

[104] 王岫鑫. 基于微纳光纤法布里珀罗干涉仪的生物医学光声成像技术[D]. 广州：暨南大学，2014.

[105] Ultrabroad Bandwidth and Highly Sensitive Optical Ultrasonic Detector for Photoacoustic Imaging Cheng Zhang, Tao Ling, Sung-Liang Chen, and L. Jay Guo ACS Photonics 2014 1(11): 1093-1098.

[106] 陈晨. 半掩埋光波导谐振腔的设计及其声传感效应验证[D]. 太原：中北大学，2021.

[107] HAN C Y, ZHAO C Y, DING H, et al. Spherical microcavity-based membrane-free Fizeau interferometric acoustic sensor[J]. Optics Letters, 2019, 44(15): 3677-3680.

[108] HAN C Y, DING H, LI B J, et al. A miniature fiber-optic microphone based on plano-concave micro-interferometer[J]. Review of Scientific Instruments, 2022,

93(4): 045001.

[109] 倪文军. 基于光纤薄膜复合器件的宽频声波传感研究[D]. 武汉：华中科技大学，2019.

[110] Rüeger J M. Report of the ad-hoc working party on refractive indices of light, infrared and radio waves in the atmosphere of the IAG Special Comission SC3-Fundamental Constants (SCFC)[C]. Proceedings of General Assembly of Iugg, 1999.

[111] 叶玉堂，肖峻，饶建珍，等. 光学教程[M]. 2 版. 北京：清华大学出版社，2011.

[112] PREISSER S, ROHRINGER W, LIU M Y, et al. All-optical highly sensitive akinetic sensor for ultrasound detection and photoacoustic imaging[J]. Biomedical Optics Express, 2016, 7(10): 4171-4186.

[113] CHEN J M, XUE C Y, ZHENG Y Q, et al. Acoustic Performance Study of Fiber-Optic Acoustic Sensors Based on Fabry–Pérot Etalons with Different Q Factors[J]. Micromachines, 2022, 13(1): 118.

[114] 丁原，王智，杨文波. 光纤准直器结构研究与设计[J]. 长春大学学报，2005(2): 8-11.

[115] 虞国华，刘水华，方罗珍，等. 光纤准直器高回波损耗的理论分析与研究[J]. 光学学报，1997(3): 113-118.

[116] 朱少丽，徐秋霜，刘德森. 自聚焦透镜在光纤准直器中的应用分析[J]. 西南师范大学学报（自然科学版），2004(3): 379-382.

[117] 林学煌，方罗珍，姚建，等. 光无源器件[M]. 北京：人民邮电出版社，1998.

[118] 聂磊. 低温圆片键合理论与工艺研究[D]. 武汉：华中科技大学，2007.

[119] REICHE M. Semiconductor wafer bonding[J]. Physica Status Solidi a-Applications and Materials Science, 2006, 203(4): 747-759.

[120] 马子文，廖广兰，史铁林，等. 表面翘曲度对晶圆直接键合的影响[J]. 半导体技术，2006(10): 729-732.

[121] 林晓辉. 晶圆低温键合技术及应用研究[D]. 武汉：华中科技大学，2008.

[122] 马子文. 晶圆低温键合的理论及实验研究[D]. 武汉：华中科技大学，2007.

[123] 《石英玻璃》编写组. 石英玻璃[M]. 北京：中国建筑工业出版社，1975.

[124] 俞亮，郭浩林，陆国庆，等. 耐高温光纤的性能与生产工艺[J]. 光通信技术，2014, 38(6): 8-11.

[125] 中国电子科技集团公司第二十三研究所. B19.2/1252/3G200 型耐高温单模光纤详细规范[S]. 国家国防科技工业局，2016.

[126] 麦成乐. 基于玻璃网络结构控制的硅基材料基片低温键合机理研究[D]. 哈尔滨：哈尔滨工业大学，2017.

[127] 李奇思. 碳化硅膜片式光纤高温压力传感器关键制备技术研究[D]. 太原：中北大学，2019.

[128] 戚晓芸. 面向硅基晶片的等离子体活化低温键合及失效机理研究[D]. 哈尔滨：哈尔滨工业大学，2019.

[129] 王淩云，王申，陈丹儿，等. 基于干湿法活化相结合的硅-硅低温键合[J]. 厦门大学学报（自然科学版），2013, 52(2): 165-171.

[130] 张海平，尤春，周家万，等. 相移掩模清洗结晶控制[J]. 电子工业专用设备，2012, 41(5): 41-42+47.

[131] 李哲. 基于微泡结构的耐高温光纤法珀传感器关键技术研究[D]. 太原：中北大学，2018.

[132] 李旺旺. 蓝宝石高温压力传感器关键技术研究[D]. 太原：中北大学，2019.

[133] LIU Q, PENG W. Fast interrogation of dynamic low-finesse Fabry-Perot interferometers: A review[J]. Microwave & Optical Technology Letters, 2021, 63(9): 2279-2291.

[134] 王坤博，周瑜，刘超，等. 强度解调的 F-P 干涉型光纤传声器[J]. 应用声学，2017, 36(5): 438-444.

[135] LI A, JING Z G, LIU Y Y, et al. Quadrature Operating Point Stabilizing Technique for Fiber-Optic Fabry–Perot Sensors Using Vernier-Tuned Distributed Bragg Reflectors Laser[J]. IEEE Sensors Journal, 2021, 21(2): 2084-2091.

[136] LIU Q, JING Z G, LI A, et al. Common-path dual-wavelength quadrature phase demodulation of EFPI sensors using a broadly tunable MG-Y laser[J]. Optics Express, 2019, 27(20): 27873-27881.

[137] MAO X F, TIAN X R, ZHOU X L, et al. Characteristics of a fiber-optical Fabry–Perot interferometric acoustic sensor based on an improved phase-generated carrier-demodulation mechanism[J]. Optical Engineering, 2015, 54(4): 1-6.

[138] 王付印. 基于 F-P 干涉仪的微型化光纤水声传感关键技术研究[D]. 长沙：国防科学技术大学，2015.

[139] 王冠玉. 干涉型光纤声传感器信号解调方法研究[D]. 广州：暨南大学，2019.

[140] 赵亚明. 悬臂梁式光纤超声传感器研究[D]. 大连：大连理工大学，2020.

[141] TIAN J J, ZHANG Q, FINK T, et al. Tuning operating point of extrinsic Fabry-Perot interferometric fiber-optic sensors using microstructured fiber and gas pressure[J]. Optics Letters, 2012, 37(22): 4672-4674.

[142] CHEN J Y, CHEN D J, GENG J X, et al. Stabilization of optical Fabry–Perot sensor by active feedback control of diode laser[J]. Sensors and Actuators A: Physical, 2008, 148(2): 376-380.

[143] 单宁，赵雁. 光纤 F-P 超声传感器设计实验研究[J]. 传感器与微系统，2010, 29(11): 72-75.

[144] 赵江海，史仪凯，单宁，等. 光纤法珀声发射传感器的双波长优化稳定方法[J]. 压电与声光，2008(2): 150-152.

[145] MURPHY K A, GUNTHER M F, VENGSARKAR A M, et al. Quadrature phase-shifted, extrinsic Fabry–Perot optical fiber sensors[J]. Optics Letters, 1991, 16(4): 273-275.

[146] XIA J, XIONG S D, WANG F Y, et al. Wavelength-switched phase interrogator for extrinsic Fabry–Perot interferometric sensors[J]. Optics Letters, 2016, 41(13): 3082-3085.

[147] ZHANG G J, YU Q X, SONG S D. An investigation of interference/intensity demodulated fiber-optic Fabry–Perot cavity sensor[J]. Sensors and Actuators A: Physical, 2004, 116(1): 33-38.

[148] WANG A, XIAO H, WANG J, et al. Self-calibrated interferometric-intensity-based optical fiber sensors[J]. Journal of Lightwave Technology, 2001, 19(10): 1495-1501.

[149] 叶晨. 光纤 MEMS 法布里珀罗传感器解调方法研究[D]. 哈尔滨：哈尔滨工业大学，2014.

[150] LIU B, LIN J, LIU H, et al. Diaphragm based long cavity Fabry–Perot fiber acoustic sensor using phase generated carrier[J]. Optics Communications, 2017,

382(1): 514-518.

[151] MORADI F, HOSSEINIBALAM F, HASSANZADEH S. Improving the signal-to-noise ratio in a fiber-optic Fabry–Pérot acoustic sensor[J]. Laser Physics Letters, 2019, 16(6): 065106.

[152] SCHMIDT M, WERTHER B, FÜRSTENAU N, et al. Fiber-Optic Extrinsic Fabry-Perot Interferometer Strain Sensor with <50 pm displacement resolution using three-wavelength digital phase demodulation[J]. Optics Express, 2001, 8(8): 475-480.

[153] SCHMIDT M, FÜRSTENAU N. Fiber-optic extrinsic Fabry–Perot interferometer sensors with three-wavelength digital phase demodulation[J]. Optics Letters, 1999, 24(9): 599-601.

[154] WANG F Y, XIE J H, HU Z L, et al. Interrogation of Extrinsic Fabry–Perot Sensors Using Path-Matched Differential Interferometry and Phase Generated Carrier Technique[J]. Journal of Lightwave Technology, 2015, 33(12): 2392-2397.

反侵权盗版声明

举报电话：（010）88254396；（010）88258888

传　　真：（010）88254397

E-mail：　dbqq@phei.com.cn

通信地址：北京市万寿路 173 信箱

电子工业出版社总编办公室

邮　　编：100036